AF578952

# LA QUESTION

DES

# VIGNES AMÉRICAINES

EN CHAMPAGNE

---

PREMIÈRE PARTIE

# LA QUESTION
DES
# VIGNES AMÉRICAINES
## EN CHAMPAGNE



## PREMIÈRE PARTIE

# LA LOI

TEXTE, ARRÊTÉS ET CIRCULAIRES MINISTÉRIELS QUI S'Y RAPPORTENT

PAR

G. VIMONT

VICE-PRÉSIDENT DU COMICE D'EPERNAY, MEMBRE DU COMITÉ CENTRAL DE LA MARNE,
RAPPORTEUR DE LA COMMISSION INTERNATIONALE DE VITICULTURE, EN 1878.

CHALONS-SUR-MARNE

IMPRIMERIE DE T. MARTIN, PLACE DU MARCHÉ-AU-BLÉ, 50.

1881.

# AU LECTEUR

---

Je viens tenir une promesse. Lorsque MM. Alfred Werlé, Puisart, Delasalle, préfet de la Marne, ont entrepris, la main dans la main, il y a tantôt un an, cette campagne soudaine qui, dirigée en apparence contre l'envahissement supposé de nos vignes champenoises par des plants américains, me dénonçait, en réalité, comme l'importateur du phylloxéra, j'ai dit que l'entreprise était ridicule dans les circonstances où elle se présentait.

A moi, qu'elle ne visait en rien, affirment ses auteurs, elle a fait un mal incalculable, que chacun reconnait ; par contre, les quelques plants qu'elle devait détruire, protégés par la loi, sont toujours là. . . . résistants !

Ainsi se trouve confirmée mon appréciation première sur une action dont certaines conséquences déplorables appelleraient un jugement sévère.

Je m'étais en même temps réservé de faire, sur cette question des vignes américaines en Champagne, au moment et dans la forme qui me sembleraient le plus utile, une lumière suffisante. Je crois enfin le moment venu.

La forme sera des plus simples.

Je me suis retranché, pour ma défense, dans mon droit, le droit commun. On l'a nié. Je vais le démontrer.

Les uns, parmi mes adversaires, ont ignoré la loi ; les autres ont méconnu son autorité, prétextant ses erreurs ; tel enfin a oublié dans la discussion certain article gênant pour ses prétentions. J'établirai l'autorité empruntée par la loi aux études qui l'ont précédée, aux hommes qui l'ont préparée. Je publierai son texte en l'accompagnant des circulaires et arrêtés ministériels qui le complètent.

Je ne puis descendre à l'examen de tous les incidents; je discuterai cependant cette pétition, niaise de forme, grosse d'erreurs, soigneusement soustraite à tout examen contradictoire, mais qui, adroitement colportée et commentée par les agents de M. Alfred Werlé, son auteur, a pu surprendre l'approbation d'un grand nombre et devenir ainsi l'instrument le plus actif des calomnies dont j'ai été et dont je reste la victime.

L'opinion publique jugera alors qui lui a témoigné le plus de respect et d'active sollicitude, de ceux qui, sans motifs, l'ont violemment saisie et compromise, ou de moi qui, fort de ma conscience et armé de bonnes raisons, lui aurai franchement résisté.

Elle verra que, tout en résistant, je lui ai toujours respectueusement offert les meilleures occasions de s'éclairer.

On a nié devant elle l'innocuité de mes études ; je placerai de nouveau sous ses yeux les témoignages si concluants qui m'ont été donnés, et, devant leur unanimité, l'entreprise de MM. Arthur Puisart, Delasalle, préfet de la Marne, et Alfred Werlé, se montrant isolée, condamnée par la loi, condamnée par la science et l'expérience, sera, je l'espère, plus sainement jugée !

Si quelque lecteur d'humeur patiente, on l'est volontiers pour autrui, était tenté de trouver un peu vifs certains traits, je le prierais de se rappeler l'accusation capitale et cependant injustifiable dont je suis l'objet : les droits de la défense, dont j'ai si peu usé ; enfin cette considération que certains qualificatifs sont la conséquence forcée de certaines choses. Il pourra toujours s'assurer, d'ailleurs, par les pièces justificatives, de la réalité de ces choses ainsi qualifiées.

La cause que j'ai l'honneur de soutenir est celle du droit de propriété, celle de la vérité au point de vue phylloxérique ; mienne aujourd'hui, elle sera peut-être demain celle du plus humble vigneron comme du plus riche propriétaire. Elle s'élève ainsi, prend un intérêt vraiment supérieur, et m'oblige à poursuivre le redressement des erreurs commises.

Cette question du phylloxéra, qu'un jour l'on rejette si loin pour l'agiter, le lendemain, si bruyamment, ne tardera malheureusement guère à s'imposer à nous dans sa triste réalité. Il faut être prêt, pour reconnaître les premiers pas de l'ennemi, lui opposer une défense énergique et profitable. Or, une instruction pratique largement répandue, des études locales consciencieusement faites et bien confirmées sont pour cela nécessaires. La loi les protège, car la soumission à ses sages prescriptions en éloigne tout danger.

Les obstacles que l'on y voudrait mettre ne se pourraient donc justifier, et le fléau, dans sa marche, trouverait en eux ses meilleurs auxiliaires. Ce sont ces obstacles que je veux écarter.

Je diviserai mon travail en quatre parties :

La première partie traitera de la Loi, les circulaires et arrêtés ;

La deuxième, des applications de la loi, sous forme de notes, avec pièces justificatives, à M. le Directeur général de l'Agriculture et à la Commission supérieure ;

La troisième comprendra la discussion de la pétition de M. Alfred Werlé et des principaux incidents de ce que l'on a appelé la *Question des Vignes américaines en Champagne*.

La quatrième partie enfin résumera dans leurs points saillants nos connaissances actuelles touchant le phylloxéra et la défense de nos vignobles.

Etre utile en restant vrai, c'est ma seule ambition. Puisse le lecteur s'y associer en se montrant bienveillant et en demeurant juste.

LA

# LOI SUR LE PHYLLOXÉRA.

Avant d'entrer dans le détail de cette Loi, arrêtons-nous un instant pour voir, d'après ses auteurs, quel est son but, quelles raisons la légitiment, sur quel principe se basent ses prescriptions : ceci bien posé, l'intelligence de la Loi même sera plus prompte et complète.

**But.** — « Lorsqu'une grande contagion vient à sévir sur nos ani-
» maux domestiques, l'autorité publique seule peut réussir à en
» arrêter les ravages, parce que seule elle a le moyen de concerter
» tous les efforts et d'appliquer toutes les mesures propres à empê-
» cher la propagation du mal et à en étouffer les foyers.

» Dans l'état actuel de notre Législation, il n'existe point de Lois
» qui puissent investir l'autorité des pouvoirs nécessaires pour
» appliquer à l'extinction de la maladie de la vigne les mesures
» rigoureuses que réclame la gravité des circonstances. Une Loi
» spéciale doit donc être promulguée. »

(Académie des Sciences; séance du 29 juin 1874. Commissaires : MM. Dumas, Milne-Edwards, Duchartre, Blanchard, Pasteur, Thénard ; Bouley, rapporteur.)

Cette Loi spéciale réclamée par l'Académie en 1874 ; arrêtée en principe lors du Congrès International de Lausanne en 1877, préparée par la Commission supérieure du phylloxéra et le Conseil d'Etat ; votée en juillet 1878 par les Chambres, devenait d'ailleurs obligatoire pour la France, en vertu de la Convention de Berne signée le 17 septembre 1878.

Les Etats contractants : « Considérant les ravages croissants du » phylloxéra et reconnaissant l'opportunité d'une action commune en » Europe pour enrayer, s'il est possible, la marche du fléau dans les » pays envahis, et pour tenter d'en préserver les contrées jusqu'à ce » jour épargnées.... arrêtent :

« Art. 1er. — Les Etats contractants s'engagent à compléter, s'ils » ne l'ont déjà fait, leur législation intérieure, en vue d'assurer une » action commune et efficace contre l'introduction et la propagation » du phylloxéra.

» Cette législation devra spécialement viser :

» 1° La surveillance des vignes, jardins, serres et pépinières, les investigations » et constatations nécessaires au point de vue de la recherche du phylloxéra et » les opérations ayant pour but de le détruire autant que possible ;

» 1° La délimitation des territoires envahis par la maladie au fur et à mesure » que le fléau s'introduit ou progresse à l'intérieur des Etats ;

» 3° La réglementation du transport des plants de vignes, débris et produits » de cette plante,..... afin d'empêcher que la maladie ne soit transportée hors » des foyers d'infection dans l'intérieur de l'Etat même ou par voie de transit » dans les autres Etats ;

» 4° Le mode d'emballage et la circulation de ces objets, ainsi que les précautions et dispositions à prendre en cas d'infraction aux mesures édictées. »

Ainsi se trouve défini, dans son ensemble et ses lignes principales, le but que veut atteindre la Loi.

**La Loi.** — Dans sa marche vers le but qui lui est indiqué, la Loi va rencontrer, comme obstacles qu'elle aura à briser ou abaisser, deux Droits indiscutés dans les sociétés réglées : La Liberté individuelle, le Droit de propriété.

L'objection est grave et vaut que l'on s'y arrête ; d'autant plus qu'en ces derniers temps, nous avons vu négociants, riches propriétaires, vignerons ou très hauts Préfets, prouver, par des vœux inconsidérés, jusqu'à quel point les notions les plus élémentaires du Droit, étaient pour eux obscurcies.

Rappelons donc, en peu de mots, ces vérités, passées à l'état d'axiômes, affirmant le droit de propriété, la liberté, les rapports de la Loi avec chacune de ces libertés nécessaires.

LA PROPRIÉTÉ ! LA LIBERTÉ ET LA LOI. — La propriété est le droit qu'a chacun de disposer librement de ses biens (*Hervé-Bazin, p. 122*).

Le droit de jouir et de disposer des choses de la manière la plus absolue (*Code Civil.* Art. 544).

Le droit de propriété, fondé sur le travail, n'a pour limite que le dommage d'autrui ; de ce que j'ai, je puis non-seulement user, mais abuser, pourvu que l'abus n'aille pas jusqu'à nuire à mon voisin.

(A. de Metz-Noblat, prof. à la faculté de droit de Nancy, p. 185).

La propriété est de droit naturel, comme la liberté.

La liberté est action. L'homme ne fait rien que par la liberté. Or il n'est vraiment libre que s'il peut disposer, comme il l'entend des fruits de son travail, des biens matériels. La liberté et la propriété ne peuvent se séparer. Tout ce qui touche l'une atteint l'autre : La liberté de la propriété est donc une liberté nécessaire.

Aussi la société civile, qui n'existe que pour assurer à ses membres certains avantages, notamment pour protéger leur vie et leurs biens, le proclame-t-elle sans cesse.

Nos chartes, nos Constitutions affirment toutes la propriété inviolable, non-seulement en elle-même, mais encore dans l'exercice des actes qui constituent sa jouissance.

La Loi du 28 septembre 1791, que l'on cite souvent comme le principal bienfait agricole de la Révolution, bien qu'elle ne soit que la réédition des édits de réforme publiés par le roi Louis XVI, sous le ministère Turgot, 15 ans auparavant ; La Loi dit : « Art. 1er. — Le territoire de la France dans toute son étendue est libre comme les personnes qui l'habitent, etc., etc .. Art. 2. — Les propriétaires sont libres de varier à leur gré la culture et l'exploitation de leurs terres, de conserver à leur gré leurs récoltes, d'en disposer au dedans et au dehors du royaume, etc., etc... » Toujours la Loi, à prendre les choses dans leur ensemble, reconnaît, protège, garantit la propriété fondée sur le travail, mais ne la règle point, ne l'assujétit point à un mode particulier de jouissance.

Il y a cependant des limites. De même que l'homme privé voit sa liberté, son droit de propriété borné par la Loi divine, ou si l'on veut, par la raison et la justice, de même, en certains cas, la Loi civile, envisageant les rapports de cet homme et de ses semblables, peut poser certaines restrictions.

« L'Etat peut exiger le sacrifice d'une propriété pour cause d'inté-

» rêt public légalement constaté, mais avec une indemnité préa-
» lable. »

Le sacrifice des biens ne peut être exigé que par l'Etat, pour une cause d'intérêt public ; il n'est pas entier, il n'est pas gratuit, il a une compensation pécuniaire. Il doit être imposé, non par une volonté quelconque, mais par une Loi juste, c'est-à-dire, « par une disposi-
» tion dictée par la raison, promulguée en vue du bien commun par
» celui qui a charge de régir la communauté. »

« Partout où ne règne pas le despotisme, les Lois entourent la
» propriété privée des précautions les plus étroites, et la garantissent
» avec une jalouse défiance. Le droit des citoyens ne doit ici céder
» que sous la nécessité publique. Il pourrait y avoir danger à le
» faire plier devant la simple utilité. Le socialisme prend aisément
» la forme de l'utilité générale. Les pouvoirs publics, dominés par les
» idées du Césarisme, sont enclins à donner à l'utilité générale une
» extension qui conduirait vite, soit par l'expropriation, soit par tout
» autre moyen, à l'absorption de la propriété des individus dans le
» domaine général de l'Etat, ou à une règlementation des droits du
» propriétaire, qui paralyserait son action et frapperait de stérilité le
» travail social. » (*Charles Périn*, t. II, p. 42).

Ainsi donc, pour être légitime, chacune des restrictions posées par la Loi à notre droit, à notre liberté, devra s'appuyer de raisons évidentes, certaines ; être reconnue, non-seulement utile, mais nécessaire au bien commun.

**La Loi est légitime dans son but**. — La Loi est légitime dans son but : ceci n'a pas besoin de longue démonstration.

Le phylloxéra est un fléau. Les ruines qu'il sème sur son passage intéressent grandement la fortune publique, qui voit ainsi tarir une de ses sources vives ; la fortune privée des citoyens ; l'économie sociale par la dépopulation rapide et importante qui en est la suite.

Les mesures d'application pourraient donc seules être contestées ; elles seront justes si elles se montrent nécessaires et efficaces.

Loin de méconnaître ces principes, la Loi contre le phylloxéra n'a cessé de les affirmer.

La commission de la Chambre des Députés déclare que cette Loi n'est « qu'une Loi transitoire, qu'une Loi de circonstance. »

L'exposé des motifs présenté au Sénat, posant cette question : « Y

» a-t-il lieu de substituer l'administration au propriétaire et » d'appliquer les remèdes les plus préconisés, afin de sauvegarder, » dans la mesure du possible, tous les vignobles environnants ? » ajoute :

« Cette dépossession du propriétaire est sans doute un fait grave, » en désaccord avec l'esprit de nos lois si respectueux du droit de » propriété et auquel il n'a été porté atteinte que dans des cas tout-à- » fait exceptionnels et pour des motifs d'utilité publique indiscu- » tables.

» Sans doute il eût été préférable d'arriver au but proposé par la » présente loi avec des moyens amiables ; malheureusement il ne » peut en être ainsi. Soit par ignorance, soit par défiance, soit par » indifférence des intérêts d'autrui, les propriétaires se refusent, » même contre indemnité, à laisser l'administration se substituer à » eux.

» La loi ne concède pas au Ministre le pouvoir de détruire la » vigne attaquée par le phylloxéra, l'arrachage et la destruction ne » paraissant pas un moyen certain d'empêcher la propagation du » fléau. L'incertitude a paru trop grande pour que l'anéantissement » d'un capital appartenant à un citoyen, fruit respectable de son » travail, puisse être ordonné !

» Pour sacrifier le droit, inviolable par essence, d'un propriétaire, » il aurait fallu avoir, comme compensation, la certitude de la » préservation chez ses voisins ! »

Cette dernière phrase résume tout. On ne saurait, en effet, affirmer plus énergiquement le droit du propriétaire, le But de la Loi et ses Limites.

Voyons maintenant, d'après l'Académie des sciences, la commission du phylloxéra, etc..... sur quelles données scientifiques ou pratiques se baseront les principales prescriptions de la Loi.

**Nature du mal. Motifs scientifiques et pratiques de la Loi.** — « La Commission considère le phylloxéra comme la cause de la maladie de la vigne.

(Académie, 17 janvier 1876.)

» M. Dumas a pensé, que ce que l'on a fait contre la peste des » bestiaux, on pourrait le faire, et peut-être avec autant de succès, » contre la maladie parasitaire qui s'attaque à la vigne depuis près de dix ans déjà.

» De fait, cette maladie de la vigne est, elle aussi, une maladie » contagieuse, et, comme toutes les contagions, elle trouve les con- » ditions de son accroissement dans son accroissement même. A » mesure que grandit la surface sur laquelle elle se développe, à » mesure que se multiplie le nombre des sujets qu'elle atteint, » l'intensité de sa force expansive augmente dans une proportion » que l'on peut considérer comme géométrique.

» Un coup d'œil jeté sur les cartes suffit pour faire voir que cette » contagion est fidèle à sa nature, et il est facile de prévoir, par les » progrès qu'elle a accomplis, qu'obéissant à la loi fatale de son » expansion, elle marchera tant qu'elle trouvera où se prendre !

» Mais ne peut-on donc opposer aucune barrière aux envahisse- » ments de ce terrible mal?.... La Commission du phylloxéra ne » l'a pas pensé, et, se conformant à l'idée de M. Dumas, elle a été » d'avis qu'il fallait...... essayer d'arrêter la marche de la maladie » actuelle de la vigne par des moyens analogues à ceux qui se sont » montrés si efficaces à protéger la population bovine des atteintes » de la peste. »

(Rapport H. Bouley, 29 juin 1874.)

« Nous sommes aujourd'hui en possession de notions positives » qui permettent d'établir sur une base solide les procédés capables » de mettre obstacle aux progrès du fléau.

» La Commission du phylloxéra, se conformant aux principes » auxquels l'Académie des sciences a donné son assentiment,.... a » essayé d'indiquer, dans cet avis,...... par quels règlements on » pourrait élever une barrière contre sa marche envahissante...

» ... Pour fixer les idées et pour répondre aux justes inquiétudes » des contrées encore intactes, elle devait essayer de formuler l'en- » semble des mesures qu'elle jugeait nécessaires. C'est un texte, » qu'après s'être mis d'accord avec les personnes les plus compé- » tentes elle propose, .... aux pouvoirs publics, aux comités de » vigilance des divers pays que la conservation des vignobles » intéresse.

» Ces mesures sont établies sur des motifs scientifiques, justifiées » par les conditions d'existence, de développement et de propagation » du phylloxéra.

» De fait, une enquête sérieuse a démontré que c'était toujours par

» l'intermédiaire de vignes phylloxérées, transportées par l'homme » à de longues distances, qu'avait été produite l'infestation phyllo- » xérique de régions jusqu'alors indemnes des atteintes de l'insecte » et non par sa marche naturelle.

» Pour protéger contre l'invasion du phylloxéra les pays qu'il n'a » pas encore envahis et qui sont éloignés des foyers actuels, il est » donc nécessaire :

» 1° D'exercer sur le transport des vignes une surveillance très » active, en le soumettant à des précautions rigoureuses qui pré- » viennent les dangers d'infestation dont ce transport peut être » cause ;

» 2° Interdire de la manière la plus absolue l'exportation, hors des » territoires infestés, de tout ce qui pourrait *servir de véhicule* à » *l'agent de la contagion*, c'est-à-dire des ceps, des bois, des racines, » des feuilles, des fumiers, des échalas, etc., etc....

» 3° D'interdire, dans les régions qui ne sont pas phylloxérées » (indemnes), l'introduction et la plantation des ceps *provenant des* » *régions phylloxérées.*

» Cette interdiction de la plantation des *Ceps de provenance dange-* » *reuse*, dans les régions non phylloxérées, doit s'appliquer d'une » manière spéciale et très rigoureuse *aux Cépages Américains* (de » provenance Américaine), par qui le phylloxéra a été introduit en » France.... qui, servant de véhicule au phylloxéra, viennent » accroître si malheureusement sa puissance naturelle d'expan- » sion... »

(Académie des sciences, rapports H. Bouley.)

C'est bien en raison de cette *provenance dangereuse*, « qu'il était » nécessaire de frapper de suspicion, tant les cépages du Nouveau- » Monde que tout plant provenant des contrées infestées......

» Ce ne sont plus seulement les cépages exotiques venant directe- » ment ou indirectement d'Amérique qui sont à redouter, mais encore » tous les plants même indigènes, qui ont crû dans le voisinage de » ceux-ci, et tous les produits de la vigne provenant de localités » infestées ou suspectes. »

(D. V. Fatio, Congrès de Lausanne.)

Ainsi, en résumant les *notions scientifiques et positives*, nécessaires pour protéger contre l'invasion du phylloxéra les pays qu'il n'a pas encore envahis, nous disons : d'après l'Académie, la Commission du phylloxéra, etc., etc...

Le phylloxéra est la cause, ou l'agent de la maladie parasitaire ou contagieuse qui détruit les vignes.

Il se transmet par approche, par contact.

De là, division des territoires en deux grandes catégories :

1° La Zône dangereuse, suspecte, où vit l'agent, le phylloxéra, dite pour cela phylloxérée ; où il peut se rencontrer sur toute vigne quelle que soit sa variété, et être transporté avec celle-ci, lui servant de véhicule.

2° La Zône indemne, où ne vit pas l'agent, le phylloxéra ; où il ne peut se cacher à l'état de germe latent, où il ne peut se produire spontanément, d'où, parconséquent, il ne peut être transporté sur une vigne lui servant de véhicule.

Le danger ne naîtra donc dans cette 2e Zône indemne qu'autant qu'il y sera fait, n'importe comment, un apport de la 1re, de la Zône phylloxérée : d'où cette prescription de la Loi :

« L'exportation des ceps de vigne, de tout ce qui peut servir de
» véhicule, hors des régions phylloxérées, est absolument interdite.
» L'importation et la plantation des ceps de vigne, de tout ce qui
» peut servir de véhicule, provenant des régions Phylloxérées, est
» absolument interdite, en contrées indemnes. »

Toute la loi gravitera autour de ces deux grandes règles ; toutes ses mesures défensives aboutiront à des *questions de provenance*, jamais à des questions d'espèces ou variétés botaniques de vignes ; car, on ne saurait trop insister pour le faire bien comprendre, le danger, qu'elle a pour but de conjurer, réside tout entier dans le *transport* d'objets pouvant servir de véhicule à l'agent, au parasite, au phylloxéra enfin, *d'une provenance suspecte*, dangereuse, phylloxérée, *à destination* d'une région indemne.

C'est bien ce qu'affirmait une fois de plus la Commission du phylloxéra et l'Académie, lorsque, répondant au Ministre qui l'interrogeait sur les mesures à prendre pour l'exportation de France en Algérie de plants, arbustes, etc...., elle disait :

« Supposons la France divisée par une ligne passant par les points
» les plus avancés vers le Nord que le phylloxéra ait atteints, il
» paraîtrait suffisant d'exiger que tous les plants dont l'exportation
» serait autorisée fussent munis d'un certificat d'origine authentique,

» constatant *qu'ils proviennent de points du territoire* situés à 40 ou » 50 kilomètres au moins, au nord de cette ligne. »

Entre deux Zônes aussi différentes, l'action de la Loi qui, nous l'avons vu, a un but parfaitement défini, ne saurait être la même.

Pour la Zône phylloxérée, dangereuse, elle substitue plus ou moins l'Administration au propriétaire lui-même ou restreint sa liberté d'action. Cette atteinte au droit de propriété est légitimée par l'intérêt public en danger et la nécessité de combattre le fléau ou empêcher son extension.

*Pour les contrées indemnes*, après avoir prescrit les mesures propres à empêcher l'importation du mal, la Loi se tait. Là, en effet, le danger n'existe pas et rien ne légitimerait une atteinte, si petite fût-elle, au *droit inviolable de propriété*. La liberté des cultures demeure donc la règle : c'est le droit commun.

Dans ces contrées indemnes, une vigne française, américaine ou chinoise peut donc être cultivée librement, comme des choux, des carottes ou des haricots, car l'insecte absent ne peut s'y développer spontanément. Ces vignes peuvent être exportées librement partout, car elles ne peuvent porter avec elles le danger ; elles peuvent être importées librement d'une provenance légalement réputée indemne, car elles ne sauraient en apporter l'insecte qui n'y vit pas. La loi permet tout cela. Elle ne peut le défendre, car cela est sans danger, et l'exercice même du droit inviolable de propriété.

Enfin, une contrée indemne peut cesser de l'être, soit par des moyens de propagation naturels à l'insecte, soit par des apports involontaires ou frauduleux. En vue du danger qui peut naître, la loi donne le droit de surveillance. Comme ce danger n'aurait pas d'autre cause que la présence de l'insecte, la surveillance n'a d'autre but et la loi n'autorise que la recherche de l'insecte ; mais, cela fait, elle se hâte de rassurer aussitôt les intérêts. Ainsi, *en refusant à l'autorité locale le droit de prescrire ces recherches*, elle le confie *au Ministre seul*, arrêtant les formes dans lesquelles elles devront s'exécuter, afin, dit-elle, *de donner une garantie à la propriété individuelle*.

Une seule observation nous reste à faire avant de passer à l'exposition de la Loi et des règlements qui la complètent.

Les deux expressions : vignes Américaines, vignes étrangères, peuvent s'entendre de deux manières :

1° Vignes venant d'Amérique ou venant de l'étranger : et c'est dans ce sens que la Loi, qui ne vise que la provenance, les entend : c'est ainsi comprises, en effet, qu'elles peuvent présenter un danger ; être interdites, etc., etc...

2° Vignes d'espèces ou variétés botaniques étrangères, ou américaines. Ainsi entendues, la Loi n'en parle qu'une seule fois pour les recommander à la surveillance comme les serres, jardins, collections. Elles sont, en effet, par elles-mêmes, aussi innocentes que nos vignes indigènes. Comme les nôtres, elles prennent le phylloxéra quand il leur est apporté, mais *elles ne l'attirent nullement;* souvent, au contraire, elles en nourissent beaucoup moins.

Ces expressions, mal définies, ont malheureusement favorisé cette erreur très commune qui fait considérer comme toujours dangereuses les vignes Américaines ou étrangères. La loi suisse n'emploie que deux expressions et les définit : *Vignes exotiques*, celles qui viennent d'une île ou d'un continent ne faisant pas partie de l'Europe. *Vignes étrangères*, tout plant de vigne européenne, fussent-ils de même race ou de même nature que la vigne déjà cultivée dans la localité, pour peu qu'ils viennent ou soient récemment importés de l'étranger.

Cette distinction est entièrement conforme aux principes que nous avons exposés, et nous ne saurions trop engager le lecteur à s'en souvenir dans toutes les discussions que la question phylloxérique et les dangers d'importation peuvent amener.

# LOI

## RELATIVE AUX MESURES A PRENDRE POUR ARRÊTER LES PROGRÈS DU PHYLLOXÉRA.

PROMULGUÉE LE 18 JUILLET 1878.

REVISÉE LE 2 AOUT 1879.

---

## CHAPITRE I.

### INTRODUCTION ET CIRCULATION DES OBJETS SUSCEPTIBLES DE SERVIR DE VÉHICULE AU PHYLLOXERA.

---

**LOI.**

ARTICLE PREMIER. — Un décret du Président de la République peut interdire l'entrée, soit dans toute l'étendue, soit dans une partie du territoire français, des plants, sarments, feuilles et débris de vignes, des échalas ou tuteurs déjà employés, des composts ou des terreaux *provenant d'un pays étranger*, ainsi que le transport des mêmes objets hors des parties du territoire français envahies par le phylloxéra.

En ce cas, le Ministre de l'Agriculture et du Commerce peut autoriser exceptionnellement l'introduction des *plants étrangers* à destination d'une localité déterminée.

---

L'art. 1 donne au Président le droit d'interdire par décret : l'entrée *provenant d'un pays étranger*, la sortie d'une *portion de territoire envahi*, de tous les objets pouvant servir de véhicule au phylloxéra. Le premier objet de la Loi devait être « de protéger les parties du territoire français non encore envahies, » en prohibant l'introduction, dans les régions indemnes, de tout ce qui pou- » vait *servir de véhicule* à l'insecte. »

Le § 1er interdit l'entrée des *plants provenant d'un pays étranger* ; le § 2, dit que leur introduction pourra être autorisée exceptionnellement. Les deux expressions employées : *plants provenant d'un pays étranger*, et *plants étrangers* sont donc synonymes.

» Une faculté exceptionnelle a été laissée au Ministre d'autoriser l'introduction » des plants étrangers à destination d'une localité déterminée : cette disposi- » tion a pour but de ne pas mettre obstacle aux tentatives faites dans cer- » tains départements ravagés par le phylloxéra, lesquels espèrent trouver, dans » l'acclimatation de certains cépages *étrangers, provenant en général des Etats-* » *Unis d'Amérique*, un moyen de reconstituer leurs vignobles détruits. »

---

### LOI.

ART. 2. — Des arrêtés spéciaux du Ministre de l'Agriculture et du Commerce, pris sur l'avis de la Commission supérieure du Phylloxéra, règlent les conditions sous lesquelles peuvent entrer et circuler en France les plants, sarments, feuilles et débris de vignes, échalas ou tuteurs déjà employés, composts ou terreaux *provenant des pays étrangers* ou *des parties du territoire français déjà envahies par le phylloxéra*, auxquelles ne s'appliquent pas les décrets d'interdiction.

ARTICLE ADDITIONNEL au projet du 23 janvier. — M. le Ministre de l'Agriculture et du Commerce fera établir des cartes, avec tableaux à l'appui, indiquant, par des teintes différentes, les parties du territoire attaquées par le phylloxéra, et celles qui en sont préservées. Ces cartes seront tenues au courant, rectifiées chaque année, et plus souvent si le Ministre le juge nécessaire.

---

Cet article permet au Ministre de régler l'entrée et la circulation des objets pouvant servir de véhicule au phylloxéra, et *provenant des pays étrangers ou de départements* déjà envahis par le phylloxéra.

« La présente circulaire a pour objet de vous faciliter l'application de la Loi.

» Le premier devoir du Gouvernement était de protéger les contrées » où les vignobles sont encore indemnes. La nécessité de se défendre » contre l'invasion par l'importation de cépages avait été, du reste, » considérée comme une mesure des plus urgentes, car, dans la » plupart des départements viticoles, des *arrêtés préfectoraux, dont* » *parfois la légalité avait été contestée*, avaient défendu l'introduction » des cépages venant, soit des départements voisins, *soit de l'étranger*. » Mais ces mesures, prises sans ensemble, avaient pour conséquence

» fréquente de *porter atteinte à la liberté des transactions*, et des » plaintes nombreuses étaient parvenues sur cet objet à l'adminis- » tration. La Loi nouvelle, *en confiant ce soin au Gouvernement*, » permettra de tenir compte, dans une juste proportion, tout à la » fois des exigences commerciales et des précautions destinées à » préserver les vignobles de la contagion..........

» ............. Les règles à suivre relativement aux conditions » d'introduction en France et de circulation des cépages seront fixées » par des arrêtés du Ministre de l'Agriculture et du Commerce ; et, » afin de servir de base à cette réglementation, des cartes délimitant » la position des vignes infectées seront adressées chaque année et » tenues régulièrement au courant. Je n'insiste pas sur ce point....

» ........Il est inutile de faire remarquer qu'à *dater du jour* où » les arrêtés ministériels entreront en vigueur, *toutes les dispositions* » *réglementaires prises sur cette matière par les Préfets des départe-* » *ments seront abrogées.* » (Circulaire ministérielle, 17 août 1878.)

## ARRÊTÉ

### RELATIF A LA DÉLIMITATION DES TERRITOIRES PHYLLOXÉRÉS.

(11 décembre 1880.)

Le Ministre de l'Agriculture et du Commerce,

Vu la loi des 15 juillet 1878, 2 août 1879 ;

Vu la carte dressée conformément au § 2 de ladite loi ;

Vu la Convention internationale de Berne, et notamment les art. 1, 3 et 5 de cette convention (1) ;

La Commission supérieure du phylloxéra entendue ;

Sur la proposition du Directeur de l'Agriculture,

Arrête :

Art. 1er. — La circonscription administrative pour l'application des mesures à prendre contre le phylloxéra, dans les cas prévus par

---

(1) Voici les textes de la **Convention internationale de Berne,** visés ci-dessus :

Art. 1er. — Les Etats contractants s'engagent à compléter, s'ils ne l'ont déjà fait, leur législation intérieure, en vue d'assurer une action commune et efficace contre l'introduction et la propagation du phylloxéra.

Cette législation devra spécialement viser :

1° La surveillance des vignes, jardins, serres et pépinières, les investigations les art. 2 et 4 de la loi des 15 juillet 1878-2 août 1879, est celle de l'arrondissement.

Art. 2. — Les arrondissements déclarés phylloxérés sont les suivants :

*Ain.* — Bourg*, Belley*, Trévoux.

*Alpes (Basses).* — Digne, Forcalquier, Sisteron.

*Alpes (Hautes).* — Gap, Embrun*.

*Alpes-Maritimes.* — Nice*, Grasse*, Puget-Théniers*.

*Ardèche.* — Privas, Largentière, Tournon.

*Ariège.* — Pamiers*.

*Aude.* — Carcassonne*, Castelnaudary, Limoux*, Narbonne*.

*Aveyron.* — Rhodez*, Milhau, Saint-Afrique, Villefranche-de-Rouergue*.

*Bouches-du-Rhône.* — Marseille, Aix, Arles.

*Charente.* — Angoulème, Barbézieux, Cognac, Confolens, Ruffec.

*Charente-Inférieure.* — La Rochelle*, Saint-Jean-d'Angély,

---

et constatations nécessaires au point de vue de la recherche du phylloxéra et les opérations ayant pour but de le détruire autant que possible ,

2° La délimitation des territoires envahis par la maladie au fur et à mesure que le fléau s'introduit ou progresse à l'intérieur des Etats ;

3° La réglementation du transport des plants de vignes, débris et produits de cette plante...., afin d'empêcher que la maladie ne soit transportée hors des foyers d'infection dans l'intérieur de l'Etat même ou par voie de transit dans les autres Etats ;

4° Le mode d'emballage et la circulation de ces objets, ainsi que les précautions et dispositions à prendre en cas d'infractions aux mesures édictées.

Art. 3. — Les objets énoncés aux alinéas 2 et 5 de l'art. 2, c'est-à-dire les plants, arbustes et produits divers de pépinières et serres ; les plants de vignes, boutures et sarments, comme étant admis au transit international par des bureaux de douane désignés, devront être accompagnés d'une attestation de l'autorité du pays d'origine portant :

*a — Qu'ils proviennent* d'un territoire réputé préservé de l'invasion phylloxérique et figurant comme tel sur la carte spéciale établie et tenue à jour dans chaque Etat contractant.

*b* — — Qu'ils n'y ont pas été récemment importés.

Le reste se trouve reproduit textuellement dans l'arrêté suivant :

Remarquer en passant que ces articles de la Convention ne visent toujours que la *provenance*.

(*) Les arrondissements marqués d'un astérisque sont ceux dans lesquels il n'existe qu'un ou quelques points d'attaqués.

Jonzac, Marennes, Rochefort, Saintes, île d'Oléron(1).

*Corrèze.* — Brive.

*Corse.* — Ajaccio*, Bastia*, Corte*.

*Côte-d'Or.* — Dijon*, Beaune.

*Dordogne.* — Périgueux, Bergerac, Nontron, Ribérac, Sarlat.

*Drôme.* — Valence, Die, Montélimart, Nyons.

*Gard.* — Nîmes, Alais, Uzès, Le Vigan.

*Haute-Garonne.* — Toulouse*.

*Gers.* — Auch*, Condom*, Lectoure*, Lombez*, Mirande*.

*Gironde.* — Bordeaux, Bazas, Blaye, Libourne, La Réole, Lesparre.

*Hérault.* — Montpellier, Béziers, Lodève, Saint-Pons.

*Indre.* — Châteauroux*, Le Blanc*, Issoudun*.

*Isère.* — Grenoble, Saint-Marcellin, La Tour-du-Pin, Vienne.

*Jura.* — Lons-le-Saulnier*.

*Landes.* — Mont-de-Marsan*, Saint-Sever*.

*Loir-et-Cher.* — Blois*, Vendôme, Romorantin.

*Loire.* — Saint-Etienne, Montbrison, Roanne.

*Haute-Loire* — Le Puy*, Brioude*, Yssengeaux*.

*Loiret.* — Orléans.

*Lot.* — Cahors, Figeac, Gourdon.

*Lot-et-Garonne.* — Agen, Marmande, Nérac, Villeneuve-sur-Lot.

*Lozère.* — Florac*, Marjevols*.

*Puy-de-Dôme.* — Clermont-Ferrand*.

*Pyrénées (Basses).* — Pau*.

*Pyrénées-Orientales.* — Perpignan*, Céret, Prades.

*Rhône.* — Lyon, Villefranche.

*Saône-et-Loire.* — Mâcon, Autun*, Châlons-sur-Saône.

*Savoie.* — Chambéry*.

*Savoie (Haute).* — Annecy*.

*Sèvres (Deux).* — Niort, Melle.

*Tarn.* — Albi*, Lavaur*, Gaillac*.

*Tarn-et-Garonne.* — Montauban*, Castel-Sarrasin*, Moissac.

*Var.* — Draguignan, Brignolles, Toulon.

*Vaucluse.* — Avignon, Apt, Carpentras, Orange.

*Vienne.* — Poitiers*, Civray, Montmorillon*.

ART. 3. — Les vignes étrangères et celles provenant des arrondis-

(1) Sauf l'île de Ré, qui rentre dans la catégorie des territoires considérés comme indemnes.

sements phylloxérés ne peuvent être introduites dans les arrondissements autres que ceux ci-dessous désignés qu'en vertu d'un arrêté du Ministre de l'Agriculture et du Commerce, pris sur la demande des comités d'études et de vigilance et du Conseil général du département, et sur l'avis conforme de la Commission supérieure du phylloxéra(1) :

*Alpes (Basses).* — Digne, Forcalquier, Sisteron.

*Alpes (Hautes).* — Gap.

*Ardèche.* — Privas, Largentière, Tournon.

*Bouches-du-Rhône.* — Marseille, Aix, Arles.

*Charente.* — Angoulême, Barbézieux, Cognac.

*Charente-Inférieure.* — La Rochelle, Saint-Jean-d'Angély, Jonzac, Marennes, Rochefort, Saintes.

*Dordogne.* — Périgueux, Bergerac, Nontron, Riberac, Sarlat.

*Drôme.*— Valence, Die, Montélimar, Nyons.

*Gard.* — Nîmes, Alais, Uzès, Le Vigan.

*Gironde.*— Bordeaux, Blaye, Libourne, La Réole, Lesparre.

*Hérault,* — Montpellier, Béziers, Lodève, Saint-Pons.

*Isère.*— Vienne.

*Lot.* — Cahors.

*Lot-et-Garonne.* —Agen, Marmande, Nérac, Villeneuve-sur-Lot.

*Rhône.* — Lyon, Villefranche.

*Tarn-et-Garonne.*— Moissac.

*Var.* — Draguignan, Brignolles, Toulon.

*Vaucluse.* — Avignon, Apt, Carpentras, Orange.

ART. 4. — Les Préfets de tous les départements adresseront au Ministère de l'Agriculture et du Commerce, avant le 1er octobre de chaque année, une carte indiquant les progrès de l'invasion du phylloxéra, et destinée à l'établissement de la carte générale phylloxérique de la France, qui devra paraître avant le 31 décembre 1881.

ART. 5. — La carte générale susvisée sera datée à chaque renouvellement prescrit par la loi, et sera tirée à un nombre d'exemplaires

---

(1) Les vignes étrangères veulent bien dire, ici comme toujours, les vignes *qui viennent de l'étranger, provenance suspecte,* comme celles *provenant* des arrondissements phylloxérés. L'opinion contraire ne se pourrait soutenir en présence : du texte souligné de l'art. 2, seul visé en tête de cet arrêté de l'art. 1er, de l'exposé des motifs et de la circulaire ministérielle rapportée plus haut, p. 11. (Voir plus loin, p. 19, note 1; p. 20 id.)

suffisant pour qu'il en soit distribué dans tous les chefs-lieux de départements et d'arrondissements viticoles, suivant les besoins du service.

Art. 6. — L'arrêté du 9 janvier 1880, relatif à la délimitation des territoires phylloxérés est et demeure rapporté(1).

Art. 7. — Le Directeur de l'Agriculture et les Préfets, dans leurs départements respectifs, sont chargés de l'exécution du présent arrêté, qui sera affiché et inséré au *Bulletin des Actes administratifs.*

Fait à Paris, le 11 décembre 1880.

P. Tirard.

## ARRÊTÉ

### CONCERNANT LES PLANTS VENANT DE L'ÉTRANGER.

(12 Décembre 1878.)

Vu la loi du 15 juillet 1878, art. 2 ;
Vu la Convention internationale de Berne, art. 2, 3 et 4(2) ;
La Commission supérieure du phylloxéra entendue ;
Sur la proposition du Directeur de l'Agriculture,

Arrête :

Art. 1er. — L'introduction, sur le territoire de la République française, des plants de vignes, sarments, boutures et autres débris de la vigne ; des échalas et tuteurs déjà employés ; des composts et terreaux provenant des divers Etats du continent européen, sera soumise aux conditions fixées par la Convention internationale de

(1) Cet arrêté est renouvelé tous les ans, plus souvent s'il est nécessaire, et il annule toujours le précédent, en *ce qu'il délimite à nouveau.* Celui-ci est le plus récent. Le premier, daté du 11 décembre 1878, portait :

Art. 6. — *Les arrêtés pris par les Préfets antérieurement à la publication du présent arrêté, pour réglementer la circulation des plants et des débris de la vigne, sont abrogés.* **Son effet demeure.**

(2) **Convention internationale de Berne.** — Art. 2. — Le vin, les raisins de table sans feuilles et sans sarments, les pépins de raisin, les fleurs coupées, les produits maraîchers, les graines de toute nature et les fruits sont admis à la libre circulation internationale.

Les plants, arbustes et produits divers des pépinières, jardins, serres et

Berne du 17 septembre 1878, sous réserve des réglements spéciaux à intervenir entre la France et les Etats qui n'auraient pas adhéré à ladite convention.

Art. 2. — Les plants de vignes, sarments et boutures, provenant des pays situés en dehors du continent européen, sont admis par les ports maritimes du Hâvre, de Brest, Saint-Nazaire, Nantes, Rochefort, La Rochelle, Bordeaux, Cette, Marseille et Toulon, mais seulement à destination d'un arrondissement phylloxéré figurant comme tel sur la carte la plus récente établie conformément à la loi du 15 juillet 1878, et spécialement autorisé par arrêté ministériel à cultiver des vignes étrangères.

L'introduction desdits plants, sarments et boutures, à leur circulation à travers les territoires préservés de l'invasion phylloxérique, ne pourront avoir lieu que dans des caisses en bois parfaitemen closes, au moyen de vis, et néanmoins faciles à visiter et à refermer.

Art. 3. — Les objets saisis en contravention à l'article précédent seront détruits aussitôt et sur place, avec leur emballage, et les

---

orangeries, ne pourront être introduits d'un Etat dans un autre que par les bureaux de douane qui seront désignés à cet effet par les Etats contractants limitrophes, et dans les conditions définies à l'art. 3.

Les vignes arrachées et les sarments secs sont exclus de la circulation internationale.

Les Etats limitrophes s'entendront pour l'admission, dans les zones frontières, des raisins de vendange, marc de raisin, compost, terreaux, échalas et tuteurs déjà employés, sous la réserve que lesdits objets ne proviendront pas d'un territoire phylloxéré.

Les plants de vigne, boutures et sarments ne pourront être introduits dans un Etat que de son consentement et ne pourront être admis au transit international que par les bureaux de douane désignés, et dans les conditions d'emballage ci-dessous indiquées.

Art. 3. — (Vu à l'arrêté précédent). (p. 13 et 14.)

Art. 4. — Les objets arrêtés à un bureau de douane, comme n'étant pas dans les conditions d'emballage prescrites par l'article précédent, seront refoulés à leur point de départ aux frais de qui de droit.

Les objets sur lesquels les experts constateraient la présence du phylloxéra seront détruits aussitôt et sur place par le feu avec leur emballage.

Les véhicules qui les auront transportés seront immédiatement désinfectés par un lavage suffisant au sulfure de carbone ou par tout autre procédé que la science reconnaîtrait efficace, et qui serait adopté par l'Etat.

Chaque Etat prendra des mesures pour assurer la rigoureuse exécution de cette désinfection.

contrevenants seront poursuivis conformément à la loi du 15 juillet 1878.

Art. 4. — Le Directeur de l'Agriculture et les Préfets, dans leurs départements respectifs, sont chargés de l'exécution du présent arrêté, qui sera affiché et inséré au *Bulletin des Actes administratifs*.

Fait à Versailles, le 12 décembre 1878.

## ARRÊTÉ

### RÉGLEMENTANT LA CIRCULATION A L'INTÉRIEUR.

(13 décembre 1878.)

Le Ministre de l'Agriculture et du Commerce,
Vu la loi du 15 juillet 1878, 2 août 1879, art. 2 ;
La Commission supérieure du phylloxéra entendue ;
Sur la proposition du Directeur de l'Agriculture,

Arrête :

Art. 1er. — Le vin, les raisins de table sans feuilles, les *pépins de raisins* pourront librement circuler en France, quelle que soit *leur provenance*.

La même liberté de circulation est accordée aux plants de vigne, sarments, boutures et autres débris de la vigne *provenant* des arrondissements épargnés par le phylloxéra, et figurant comme tels sur la carte la plus récente établie conformément à l'art. 2 de la loi du 15 juillet 1878 (1).

---

(1) La liberté de circulation est donnée aux raisins, pépins, plants, *quels qu'ils soient*, parce qu'ils sont de *provenance indemne*, et, par conséquent *absolument inoffensifs*, quelle que soit leur espèce. L'interdiction de telle ou telle variété ne se pourrait justifier par une raison valable. La seule que l'on avance est celle-ci : *Difficulté de reconnaître, dans les cultures de variétés étrangères, en pays indemne, les plants qui pourraient y être introduits frauduleusement, de provenance dangereuse et défendue.* Or, la fraude sera d'autant moins à craindre que l'objet sur lequel elle s'exercerait pourra être procuré légalement avec plus de facilité. Les prescriptions légales sont impuissantes à réprimer la fraude, puisque celle-ci n'est que la négation de leur autorité et peut devenir, contre des arrêtés injustes ou non motivés, la protestation de la liberté méconnue.

Un seul procédé.... brutal, cher de son aveu au brillant Préfet de la Marne,

ART. 2.— Les souches arrachées, les sarments secs, les com et terreaux, les raisins de vendange, les marcs de raisins, les éc et tuteurs déjà employés, ne pourront circuler qu'entre arron ments phylloxérés et à la condition de ne pas en traverser demnes.

ART. 3. — Les plants de vignes, sarments et boutures prov des territoires déclarés phylloxérés ne pourront être introduits ceux qui ne le sont pas encore : mais ils pourront être expéd destination d'un arrondissement phylloxéré et régulièrement au à cultiver des vignes étrangères (1).

Si lesdits plants, sarments et boutures doivent traverse arrondissements indemnes ou non autorisés à cultiver des v étrangères, ils seront emballés dans des caisses en bois parfaite closes au moyen de vis, néanmoins faciles à visiter et à referm portant mention de la nature de l'envoi.

ART. 4. — Lorsque le phylloxéra sera signalé dans les arrond ments considérés comme indemnes et dans ceux où le mal ne manifesté que par quelques points d'attaques et désignés co tels par un astérisque dans l'arrêté en date du 27 décembre les Préfets pourront prendre les mesures nécessaires pour r menter, conformément aux prescriptions du présent arrêté, l'exp tion hors du territoire des communes phylloxérées, des plan débris de vignes, des raisins de vendange, des marcs de raisins

---

semblerait offrir quelque chance de succès, la destruction complète, en tou pays indemnes, de tous les plants de variétés étrangères : *moyen impos* dit le Ministre, dans sa lettre du 30 décembre 1879, au Préfet de l'Aude, *m impossible qui constituerait une véritable violation du droit de propriété; m inutile*, ajouterons-nous, car, dans un pays où la *racine américaine seule* p rait être utilisée et recherchée, la fraude s'exercerait sur des racines gre qui échapperaient à tout contrôle, mais apporteraient cette fois avec elles t les chances, pour ne pas dire toutes les certitudes, d'importation phyll rique.

(1) La liberté de circulation laissée à tout produit des contrées inden *parce qu'il est inoffensif* et par conséquent de droit, est retirée au produi contrées phylloxérées, *parce qu'il est toujours dangereux*. Il y a des de dans le danger parce qu'il y a des degrés d'invasion. La loi, en d'éviter une aggravation par de nouveaux apports ou d'empêcher par ceu la reconstitution là où l'on espère encore se rendre maître du mal, la prohibe toute circulation d'une contrée phylloxérée à l'autre. Elle ne l'auto

échalas ou tuteurs déjà employés, des composts, des terreaux, etc.(1).

Art. 5. — Aucun envoi provenant d'un territoire phylloxéré ne devra contenir de feuilles de vigne.

Art. 6. — Les objets saisis en contravention au présent arrêté seront détruits aussitôt et sur place, par le feu, avec leur emballage, et les contrevenants seront poursuivis conformément à la loi du 15 juillet 1878.

Art. 7. — Le Directeur de l'Agriculture et les Préfets, dans leurs départements respectifs, sont chargés de l'exécution du présent arrêté, qui sera affiché et inséré au *Bulletin des Actes administratifs*.

Fait à Versailles, le 13 décembre 1878.

## ARRÊTÉ

### CONCERNANT LA CIRCULATION DES PRODUITS DE L'HORTICULTURE.

(15 décembre 1878.)

Le Ministre de l'Agriculture et du Commerce ;

Vu la loi du 15 juillet, art. 2 ;

---

que là où, en raison de son étendue, de son intensité, on a perdu tout espoir. Le *sauve-qui-peut* ainsi prononcé, chacun cherche sa planche de salut.

Ces régions abandonnées sont définies chaque année dans l'arrêté concernant les arrondissements dits autorisés à *cultiver des vignes étrangères......*

Si, par hasard, de cette expression de *culture de vignes étrangères*, quelqu'un voulait arguer qu'ailleurs la culture des vignes de *variétés* étrangères, américaines, chinoises ou autres, était interdite, je le prierais de se reporter à la note , p. 16, de l'arrêté relatif à la délimitation des territoires phylloxérés ; à la note 1 qui précède l'article 2 de l'arrêté du 12 décembre 1878, p. 16 et 19. Je ferais remarquer en outre *que partout ces vignes sont cultivées*, multipliées ; que des dons, envois ou ventes en sont faits, conformément à l'art. 1er du présent arrêté, par des particuliers, des associations, des comités de vigilance, des établissements publics, non-seulement sans contestation de la part de l'autorité, mais souvent avec ses encouragements. Que l'on se reporte d'ailleurs à l'arrêté qui suit, du 15 décembre, p. 21.

(1) L'unité de circonscription reconnue par la loi pour l'application de ses prescriptions, c'est l'arrondissement. Mais lorsque l'arrondissement est attaqué, toutes les communes qui le composent ne sont pas envahies en même temps. Le pouvoir de réglementer la circulation de commune à commune est donné par la loi au Préfet moyennant qu'il *agira conformément au présent arrêté*. Ceci rapproché de la circulaire ministérielle plus haut citée, p. 12, de l'art. 6 de l'arrêté de délimitation, tendrait à prouver que les arrêtés pris par le Préfet dans nos contrées indemnes manqueraient de sanction. — Exemple : *Arrêté sur l'arrachage et l'enlèvement des sarments.*

La Commission supérieure du phylloxéra entendue ;

Sur la proposition du Directeur de l'Agriculture ;

ARRÊTE :

Les produits de l'agriculture et de l'horticulture tels que : légumes, fruits et graines de toute nature, fleurs coupées ou en pots, etc., quelle que soit leur provenance, continueront à circuler librement dans toute l'étendue du territoire de la République française.

ART. 2. — La même liberté de circulation est maintenue pour les plants, arbustes et produits analogues des pépinières, jardins, serres et orangeries, provenant des arrondissements réputés préservés de l'invasion phylloxérique et figurant comme tels sur la carte la plus récente dressée en vertu de l'art. 2 de la loi du 15 juillet 1878.

ART. 3. — Les plants, arbustes et produits analogues des pépinières, jardins, serres et orangeries en provenance de territoires phylloxérés, ne seront admis dans les arrondissements indemnes, et ne pourront y circuler que si leurs racines sont complètement dégarnies de terre. Ces racines pourront être entourées de mousse : elles seront, dans tous les cas, recouvertes de toile d'emballage, de manière à ne laisser échapper aucun débris et à permettre les constatations qui seraient jugées nécessaires à l'arrivée à destination des plants et arbustes ci-dessous désignés.

ART. 4. — Si la présence du phylloxéra était constatée sur les objets désignés à l'article précédent, lesdits objets seraient saisis et détruits aussitôt et sur place par le feu avec leur emballage.

Les contraventions au présent arrêté seront poursuivies conformément aux lois.

ART. 5. — Le Directeur de l'Agriculture et les Préfets, dans leurs départements respectifs, sont chargés de l'exécution du présent arrêté, qui sera affiché et inséré au *Bulletin des Actes administratifs*.

# CHAPITRE II.

## RECHERCHES ET DÉCOUVERTE DU PHYLLOXÉRA.

### LOI.

Art. 3. — Dès que le Préfet d'un département a reçu avis, soit par le propriétaire d'une vigne, soit par le maire d'une commune, soit par la Commission départementale d'études et de surveillance, que le phylloxéra a fait son apparition dans une localité, il charge un délégué de visiter la vigne signalée comme malade, et, en cas de besoin, les vignes environnantes. Le délégué peut faire, dans ladite vigne, les opérations nécessaires pour constater l'existence du phylloxéra.

Un arrêté du Ministre de l'Agriculture et du Commerce peut, en tout temps, ordonner ou autoriser les investigations dans les vignobles des localités considérées comme indemnes où la présence du phylloxéra sera soupçonnée.

Dans les cas urgents et particuliers, le Préfet aura le droit d'ordonner ou d'autoriser ces investigations.

### I.

*Organisation du service phylloxérique et recherches en pays indemnes.*

Voyons d'abord, dans les § 2 et 3 de l'art. 3 de la loi, ce qui a trait à la recherche du phylloxéra *simplement soupçonné* en pays indemne.

## CIRCULAIRE

### RELATIVE A L'ORGANISATION DES COMITÉS D'ÉTUDE ET DE VIGILANCE CONTRE LE PHYLLOXÉRA.

(14 décembre 1878.)

---

Pendant sa dernière session, la Commission supérieure du phylloxéra avait émis le vœu que, dans chaque département, des commissions d'étude et de vigilance fussent établies afin d'éclairer les populations et de placer auprès d'elles des hommes instruits et actifs qui appelleraient leur attention sur les ruines dont les menace la propagation de la maladie, et sur les moyens les plus efficaces pour la combattre.

La loi du 15 juillet 1878 et les arrêtés que j'ai pris sur l'avis de la Commission supérieure pour en assurer l'exécution, vont donner *à ces comités une action plus directe* et en *faire un rouage administratif* qui devra permettre de lutter d'une façon plus efficace que par le passé contre le fléau qui désole nos vignobles.

En dehors des rapports qu'ils continueront, en exécution de la circulaire du 7 février 1877, de m'adresser tous les trois mois, les Comités devront me rendre compte des essais qu'ils poursuivront avec les fonds mis à leur disposition par les Conseils généraux et par l'Administration, me transmettre les informations qu'ils ont à fournir au Gouvernement sur la situation viticole et économiqoe du département, et **désormais ils seront chargés**, sous votre direction, **de l'application des arrêtés dont je vous ai parlé plus haut, et particulièrement de celui** (ci-après), **relatif à la constatation des vignobles soupçonnés, et qui porte la date du 14 décembre 1878.**

Les prescriptions contenues dans les articles 1 et 2 de cet arrêté sont la mise à exécution du § 2 de l'article 3 de la loi du 15 juillet. Je vous avais déjà, à ce sujet, adressé une circulaire le 20 juillet dernier, et je n'ai pas à revenir sur les considérations que je développais alors pour vous démontrer l'utilité des investigations minutieuses et fréquentes dans les jardins, les serres, les pépinières et les établissements où l'on cultive les vignes étrangères.

La commission supérieure a si bien compris l'importance de ces recherches qu'elle a désiré qu'un arrêté fût pris spécialement afin d'appeler l'attention des autorités sur la nécessité de ces visites qui peuvent hâter la découverte de l'insecte et permettre de l'attaquer ainsi avec plus de chance et de succès.

Afin de vous mettre à même, monsieur le préfet, de faire exécuter rigoureusement ces divers arrêtés, la commission supérieure a pensé qu'il y avait lieu de reconstituer, sur de nouvelles bases, les comités d'études et de vigilance, et voici de quelle façon il conviendra de procéder à leur réorganisation.

Vous devrez créer, dans chaque arrondissement viticole un Comité composé de l'Ingénieur des ponts et chaussées ou des mines, s'il en existe, ou, à leur défaut, d'un conducteur des ponts et chaussées, de l'agent-voyer d'arrondissement, du professeur des sciences physiques ou naturelles du lycée ou du collège, des notabilités agricoles actives, et enfin de toutes les personnes qui vous paraîtraient, dans l'arrondissement, pouvoir figurer utilement dans cette commission, soit en raison de leurs connaissances personnelles, soit à cause de leur situation et de l'influence qu'elles exercent sur les populations.

Cette commission, dont le nombre des membres devra ne pas être inférieur à dix et ne pas dépasser quinze, *aura pour mission de surveiller les vignobles, de signaler à l'administration les faits qui paraîtraient de nature à présenter des dangers au point de vue de la propagation de l'insecte, de faire dans les communes viticoles, des conférences pratiques, et enfin de former des moniteurs capables de reconnaître facilement l'insecte et d'appliquer les moyens de guérison.*

Ces comités seront reliés entre eux par un comité central du département, que vous établirez soit au chef-lieu, soit dans la ville qui vous paraîtra présenter les meilleures conditions pour être le centre d'informations et d'études, et où les intérêts viticoles auront l'importance la plus considérable.

Ce Comité devra compter parmi ses membres au moins un représentant de chaque Comité d'arrondissement.

**Son rôle, qui sera le même que celui des comités d'arrondissements, comprendra en outre les attributions que j'ai eu l'honneur de vous rappeler dans la première partie de cette circulaire.**

Enfin, Monsieur le Préfet, pour que les membres devant composer les Comités que je vous invite à créer se pénètrent bien de l'importance de la mission qui leur est confiée, et ne regardent pas leur nomination comme un titre purement honorifique, vous devrez vous assurer de leur acceptation et ne pas hésiter à remplacer ceux qui négligeraient de remplir le mandat qui leur est confié.

## ARRÊTÉ

(14 décembre 1878.)

Le Ministre de l'Agriculture et du Commerce,
Vu la loi du 15 juillet 1878, art. 3 ;
La Commission supérieure du phylloxéra entendue ;
Sur la proposition du Directeur de l'Agriculture,

ARRÊTE :

ART. 1er. — Les Préfets feront immédiatement procéder à des investigations dans les vignobles des localités considérées comme indemnes, où la présence du phylloxéra sera soupçonnée.

Ces investigations seront renouvelées chaque année et plus souvent s'il est nécessaire.

ART. 2. — Les jardins, les plants de vignes isolés, les collections, les serres, les pépinières, et particulièrement les établissements où l'on cultive les vignes étrangères, seront attentivement visités et surveillés dans les régions qui ne seront pas encore atteintes par le phylloxéra (1).

ART. 3. — Pour assurer l'exécution des mesures qui précèdent, des Comités d'étude et de vigilance seront immédiatement créés ou *réorganisés conformément à la circulaire jointe au présent arrêté*, dans chaque arrondissement des départements viticoles.

Les Comités d'arrondissement correspondront avec le Comité central du département, qui comptera parmi ses membres au moins un représentant de chaque Comité d'arrondissement.

---

(1) Remarquons que cet art. 2, qui prescrit les visites dans les serres, jardins, *pépinières*, où l'on cultive des vignes étrangères, constate déjà le droit de ces vignes à la culture en pays indemne ; en rapprochant cet art. 2 du § 2 de l'art. 1 de l'arrêté du 13 décembre, on constate la *liberté de circulation* reconnue *aux plants de vigne* ....... provenant des arrondissements indemnes, et reconnus tels sur la carte la plus récente. (Voir note, p. 19.)

Art. 4. — Les Préfets des départements sont chargés de l'exécution du présent arrêté, qui sera affiché et inséré au *Bulletin des Actes administratifs*.

Fait à Versailles, le 14 décembre 1878.

L'art. 3 vise la circulaire précédente, qui institue et organise les Comités d'étude et de vigilance pour *assurer l'exécution des mesures qui précèdent.*

Il y a deux sortes de Comités :

L'un, le *Comité d'arrondissement*, plus près des vignobles, est l'*agent de surveillance ;* il *aura pour mission*, dit la circulaire, de surveiller les vignobles, de *signaler* à l'Administration les faits qui paraîtraient de nature à présenter des dangers au point de vue de la propagation de l'insecte; de faire dans les communes viticoles des conférences pratiques, et enfin de former des moniteurs capables de reconnaître facilement l'insecte et d'appliquer les moyens de guérison.

L'autre, ou *Comité central du département*, aura le même rôle que celui des Comités d'arrondissement, comprendra *en outre* les attributions que j'ai eu l'honneur de rappeler dans la première partie de cette circulaire,

C'est-à-dire :

L'application des arrêtés dont je vous ai parlé plus haut, et particulièrement de celui ci-dessus, relatif à la constatation des vignobles soupçonnés, et qui porte la date du 14 décembre 1878.

Telle est donc la *fonction spéciale* du Comité central, sa seule raison d'être comme « rouage administratif. » ainsi que l'annonce la circulaire. — Privez-le de cette fonction, et son rôle *devient le même* que celui des Comités d'arrondissement; c'est une superfétation, *un rouage inutile* : ce qui est évidemment aussi contraire à la lettre de la circulaire ministérielle qu'à l'esprit de la loi, comme il est aisé de le démontrer.

La loi, § 2, avait expressément réservé au *Ministre seul le droit de prescrire ou autoriser des investigations en pays indemne*, où la présence du phylloxéra serait *seulement soupçonnée*.

Voici comment la circulaire ministérielle du 17 août expliquait ce passage :

« Il peut enfin se présenter telles circonstances où le préfet du département peut craindre que le phylloxéra existe à l'état latent dans certaines parties de son département. En effet, ainsi que je viens de vous le rappeler, Monsieur le Préfet, la présence de l'insecte ne se constate, par des signes extérieurs bien caractérisés, qu'au bout d'un espace de temps plus ou moins long. Vous comprendrez, dès lors, combien il importe d'être éclairé promptement afin de pouvoir attaquer l'ennemi avec quelques chances de succès. Une surveillance active et incessante est donc indispensable, et cette surveillance, la loi donne aux préfets le droit de l'exercer, en leur permettant de faire opérer des recherches sur des vignes qui n'ont aucune apparence de maladie. Seulement, *afin de donner une garantie à la propriété individuelle, la loi refuse au pouvoir local le droit d'ordonner ces investigations et le confie au ministre.*

» Toutes les fois donc que vous soupçonnerez la présence de l'insecte dans une localité, vous devrez m'en informer *immédiatement en me faisant connaître les motifs qui vous ont inspiré cette crainte;* je n'hésiterai jamais à prendre, lorsque les circonstances l'exigeront, l'arrêté prescrit par le § 2 de l'art. 3, et à vous armer des pouvoirs nécessaires pour vous permettre de faire opérer une investigation approfondie. »

Dans les cas urgents et particuliers seulement, le Préfet, d'après la loi, avait le droit d'ordonner ou d'autoriser de lui-même les investigations.

Par l'arrêté du 14, le *Ministre délègue* bien au Préfet le droit que la loi lui avait expressément réservé, mais en plaçant auprès de lui, *pour l'exécution de ces mesures,* le COMITÉ CENTRAL, instrument de conseil et d'exécution, *chargé de l'application des arrêtés, et particulièrement de celui relatif à la constatation des vignobles soupçonnés.* (Circulaire ministérielle citée plus haut.)

**Il est trop évident, d'après ces textes précis, que si le Préfet substitue son action arbitraire à celle du Comité, à qui le Ministre, seul dépositaire, de par la loi, du droit d'ordonner les investigations en pays indemne, l'a confié par son arrêté et sa circulaire explicative, le Préfet viole ouvertement la loi, et ces *garanties à la propriété individuelle*, que d'après le Ministre *la loi avait voulu donner en refusant au pouvoir local le droit d'ordonner les investigations*, ces garanties à la propriété individuelle sont perdues ! !**

OBSERVATION. — La circulaire et l'arrêté qui précèdent ont montré l'administration organisant de « nouveaux rouages administratifs » : dans les Comités d'arrondissement : *organes de surveillance ;* le Comité central : *organe de conseil et décision.* Par la nouvelle circulaire, elle va créer un troisième organe, qui complètera l'organisation : les délégués régionaux et départementaux : *organes d'exécution.*

## CIRCULAIRE

### CONCERNANT L'EXÉCUTION DE LA LOI DU 15 JUILLET 1878 SUR LE PHYLLOXÉRA.

(26 juillet 1879.)

---

MONSIEUR LE PRÉFET,

La loi du 15 juillet 1878, relative aux mesures à prendre pour combattre le phylloxéra, a permis à l'Administration d'entrer dans une voie nouvelle. Des modifications soumises en ce moment à l'examen du Parlement, et qui, je l'espère, seront adoptées, donneront au Gouvernement de nouvelles forces pour lutter contre le fléau, qui se développe dans des proportions effrayantes.

Des Comités d'études et de vigilance sont institués à peu près dans tous les départements viticoles. Pour coordonner leurs efforts, pour diriger leurs recherches, j'ai pensé qu'il serait indispensable d'ajouter à cette organisation un personnel d'hommes spéciaux très expérimentés, consacrant exclusivement leur temps et leur savoir à la lutte contre le destructeur de nos vignobles, et qui seraient spécialement chargés de la direction du service dans chaque région viticole.

Ce nouveau personnel d'agents devant avoir avec vous des rapports continuels, il est indispensable que vous en connaissiez exactement l'organisation.

Il se composera :

1° De délégués régionaux ;

2° De délégués départementaux ;

3° D'un personnel chargé, dans chaque département, de la recherche du phylloxéra et de l'application des traitements administratifs quand ils seront prescrits.

*Les délégués régionaux n'auront pas à substituer leur action à celle des Comités d'études et de vigilance* ; ils devront, au contraire, les aider et les guider dans l'accomplissement de leurs travaux.

Par la situation qu'ils occupent dans les départements, les membres des Comités seront toujours des auxiliaires précieux qui, connaissant parfaitement les localités, seront plus à même que tous autres de concourir à l'œuvre que poursuit l'Administration, en exerçant leur surveillance sur tous les points de leur circonscription, et en provoquant les déclarations des propriétaires de vignes, des instituteurs, des gardes-champêtres, etc.

L'un des objets de la mission des délégués régionaux consistera à former les délégués départementaux, et ensuite à organiser la surveillance des vignobles.

Avec l'aide des délégués départementaux, ils devront constituer des équipes chargées de fouiller les vignobles, de rechercher le phylloxéra et de porter leurs investigations sur tous les points où une situation anormale leur aura été signalée.

En effet, je ne saurais trop, Monsieur le Préfet, recommander à toute votre sollicitude ce service de recherches ; le succès des efforts que tente le Gouvernement dépend principalement de sa vigilance ; car il ne faut pas perdre de vue que plus tôt on arrive à découvrir la présence du phylloxéra dans une localité, plus la lutte se trouve circonscrite et plus nombreuses sont les chances d'arrêter à peu de frais l'extension du fléau. Vous devrez donc donner aux délégués de mon administration toutes les facilités pour l'organisation de ce service, les seconder dans l'œuvre qu'ils auront à accomplir, veiller à ce que la surveillance soit continue, et faire en sorte qu'elle s'étende à toutes les localités de votre département, qu'elle devra envelopper comme le feraient les mailles d'un vaste réseau.

*Dans la législation des pays étrangers, la loi oblige les propriétaires à signaler tous les faits anormaux qu'ils remarquent dans leur vignoble; le Parlement français n'a pas cru devoir inscrire cette prescription dans la loi ;* l'administration espère que les membres des Comités, les maires, etc., sauront faire comprendre aux vignerons l'intérêt de ces déclarations spontanées ; elle compte sur leur patriotisme pour aider à la guerre faite à l'ennemi commun.

Placés sous la direction des délégués régionaux, les délégués départementaux seront spécialement chargés dans chaque département du service du phylloxéra. Ils devront correspondre avec les délégués régionaux et suivre leurs instructions.

Choisis *parmi les professeurs d'agriculture ou, à leur défaut, parmi des hommes actifs, intelligents et capables*, ils seront en quelque sorte le *pouvoir exécutif des Comités de vigilance;* ils devront, en outre, vous tenir au courant de la situation, et vous aurez à me faire part de leurs observations, de façon que je puisse mettre à votre disposition les délégués régionaux aussitôt que le besoin s'en fera sentir.

Les délégués départementaux seront nommés par vous. Le délégué régional pourra vous renseigner sur les aptitudes que devront présenter ces agents et vous aider dans votre choix. Vous aurez à me faire connaître le nom de la personne que vous aurez désignée à cet effet.

L'organisation de ce nouveau service du phylloxéra comporte des dépenses auxquelles il convient de pourvoir.

Le Parlement a mis à ma disposition des crédits, au moyen desquels je dois satisfaire aux obligations qui découlent des art. 4 et 5 de la loi du 15 juillet 1878.

Mon administration prendra donc à sa charge les dépenses de délégués régionaux; elle accordera aux délégués départementaux, outre le remboursement de leurs frais de transport, une indemnité fixée à 15 fr. par jour de déplacement hors de leur résidence, quand ils seront employés par les délégués régionaux pour un traitement administratif des taches du phylloxéra.

Il serait désirable, Monsieur le Préfet, que les sacrifices considérables consentis par le Gouvernement fussent secondés par les départements au moyen de fonds votés par les Conseils généraux et les conseils municipaux, et des souscriptions recueillies parmi les propriétaires intéressés. Ces ressources, créées dans le département, serviraient à payer les délégués départementaux, les agents-voyers, les instituteurs, tous ceux enfin qui seraient chargés de faire les investigations dans les vignobles.

Ce *service de recherches*, d'un intérêt de premier ordre, regarde plus spécialement les départements, car il importe que les crédits votés par le Parlement soient consacrés autant que possible aux dépenses effectives du traitement.

C'est grâce à cette triple alliance de l'Etat, des Conseils généraux et municipaux et des particuliers que la lutte sera réellement possible et efficace.

Je compte sur vous, Monsieur le Préfet, pour agir en conséquence et solliciter, lors de la session qui va s'ouvrir, un vote du Conseil général mettant à votre disposition les ressources les plus étendues.

Il y va du sort de ce qui reste de notre vignoble; quand un fléau marche avec une vitesse destructive de 85,000 hectares par an, il faut de grands efforts, de puissants moyens d'action pour entreprendre une lutte efficace. J'ai l'espoir que vous ne ferez pas en vain appel aux bonnes volontés de vos administrés, non plus qu'au concours pécuniaire des Conseils départementaux et municipaux, ainsi qu'à celui des propriétaires de vignes.

Recevez, Monsieur le Préfet, etc.

(Circulaire du 26 juillet 1879.)

Le Ministre revient encore une fois sur ce sujet dans une nouvelle circulaire en date du 13 août. Il forme trois classes suivant l'état des contrées par rapport au phylloxéra :

1° Les contrées absolument envahies ;

2° Les contrées peu envahies ;

3° Enfin celles qui sont ou paraissent indemnes, et qu'il y a le plus grand intérêt à préserver de l'invasion.

Dans les départements de la troisième catégorie, toute l'attention et tous les efforts devront se porter sur la constitution de ce service de recherches, à la vigilance duquel sera confiée une partie de la fortune du département.

Dans une circulaire, en date du 26 *juillet dernier, qui a été seulement adressée aux départements indemnes ou partiellement atteints, j'ai fait connaître comment devait fonctionner ce service de recherches et d'investigations*, dont les dépenses doivent être exclusivement supportées par le département, dont l'intérêt seul est en jeu, l'Etat ayant toujours pour mission de traiter d'office et à ses frais les taches nouvelles qui lui sont signalées.

La circulaire du 26 juillet est celle qui se trouve page 29.

Le Ministre revient encore une dernière fois sur ces investigations en contrées indemnes dans sa circulaire du 20 août, où il commente les modifications apportées à la loi sur le phylloxéra par la loi du 2 août 1879. Il s'exprime ainsi :

Un troisième paragraphe a été ajouté à l'art. 3, qui réservait au Ministre le droit de prendre les arrêtés nécessaires pour prescrire les investigations dans les vignobles où la présence de l'insecte était soupçonnée. L'arrêté ministériel du 14 décembre dernier avait *bien délégué aux préfets le droit d'ordonner ces recherches; mais cette délégation aurait pu être contestée et soulever des conflits.* Afin de rendre la situation plus nette, et afin d'éviter toute difficulté, le Parlement a décidé que, *sans toucher à la législation existante*, il était utile d'ajouter que les Préfets seraient armés, dans les *cas urgents et particuliers*, du droit d'ordonner et d'autoriser les recherches.

EN RÉSUMÉ. — Il est donc évident que le droit d'ordonner ou d'autoriser les investigations, réservé au Ministre, délégué par lui au Préfet, par arrêté du 14 décembre, inscrit à nouveau dans le texte de loi que nous avons placé en tête, pour les *cas urgents et particuliers* seulement, pourra s'exercer *sans toucher à la législation existante*. Or, les pièces qui constituent cette législation ne sont autres que l'arrêté du 14 décembre, p. 26 ; la circulaire ministérielle du 19, instituant les Comités et définissant leurs attributions, *chargeant spécialement le Comité départemental de l'application des arrêtés, et particulièrement de celui relatif à la constatation des vignobles soupçonnés*, et enfin la circulaire ministérielle du 26 juillet organisant le service pratique des recherches et traitements à l'aide des délégués régionaux, départementaux, etc.

Ou la législation existante commande et elle doit être obéie ; ou elle est sans valeur et doit être abolie ; et il sera dit que, non-seulement en *des cas urgents et particuliers*, mais toujours nous serons soumis à *l'arbitraire préfectoral* ! Les garanties posées par la loi, réglées par les circulaires et arrêtés n'existeront plus !

## II

### DÉCOUVERTE DU PHYLLOXÉRA DANS UNE LOCALITÉ.

---

Les art. 3 et 4, dit l'exposé, sont spécialement et uniquement applicables *au cas de l'apparition du phylloxéra* dans une région jusqu'alors préservée.

L'art. 3 prescrit les mesures que doit prendre le Préfet. C'est seulement sur l'ordre de ce dernier que le délégué chargé de visiter les vignes malades, et, au besoin, les vignes environnantes, pourra faire les opérations nécessaires pour constater l'existence du phylloxéra. Le droit du propriétaire à défendre l'entrée de sa propriété est, en effet, trop respectable pour que la loi seule puisse lui ordonner de s'incliner devant l'intérêt général.

(Exposé des motifs.)

Il ne s'agit plus, comme dans le chapitre précédent, d'une *présence soupçonnée* du phylloxéra, mais d'une *présence signalée* d'une façon bien authentique, remarquons-le. La circulaire ministérielle du 17 août s'exprime ainsi :

Les art. 3, 4, 5 sont relatifs aux formalités à suivre pour les applications de traitement aux vignobles phylloxérés.

Bien qu'un règlement d'administration publique soit en préparation, conformément à l'art. 16 de la loi, je crois utile néanmoins de vous donner dès aujourd'hui, M. le Préfet, quelques instructions sur l'application de ces articles.

Dès que le phylloxéra est *signalé sur un point*, quel que soit celui qui fasse *connaître la présence* de l'insecte, que ce soit le propriétaire de la vigne, un membre du Comité d'études et de vigilance ou le maire de la commune, le Préfet doit immédiatement désigner, après avoir prévenu par dépêche télégraphique le Ministre de l'Agriculture et du Commerce, une personne compétente pour se transporter au lieu indiqué, afin de vérifier l'exactitude des faits.

La loi laisse au Préfet la plus grande latitude pour la désignation de ce délégué. Il pourra donc choisir, soit le professeur d'agriculture du département, soit un membre du Comité d'études ou de vigilance, soit enfin toute autre *personne qui lui paraîtra présenter les plus grandes garanties pour cette expertise délicate*.

L'art. 3, en prescrivant l'envoi d'un délégué, n'a pas un caractère limitatif, et, si le Préfet le juge utile, il pourra adjoindre à ce délégué un ou plusieurs assesseurs, afin de hâter les opérations et de donner plus de certitude aux investigations. Le délégué, en se transportant sur les vignes signalées, aura les pouvoirs les plus étendus pour faire ses recherches ; il pourra, il devra même examiner les racines des ceps atteints ou suspects, et, afin qu'aucun obstacle ne soit apporté à sa mission par des propriétaires ignorants ou malveillants, il aura le droit de recourir aux autorités locales pour pénétrer dans les propriétés et y faire les travaux nécessaires.

Dès que la présence du phylloxéra est révélée par des signes extérieurs, tels que l'affaiblissement de la végétation, le jaunissement prématuré des feuilles, etc., il est presque toujours hors de doute que le mal remonte à une époque plus ou moins reculée, que l'insecte s'est répandu aux alentours et s'attaque à d'autres ceps qui, plus récemment atteints, ont une force suffisante pour résister sans laisser encore apparaître de souffrance extérieure. Il sera donc indispensable, dans ce cas, de ne point se borner à reconnaître la présence du puceron sur le point malade et de poursuivre les recherches sur les vignes environnantes afin de fixer d'une manière aussi précise que possible jusqu'où s'étend la maladie et limiter l'étendue des vignobles à traiter. J'appelle sur ce point toute votre attention, Monsieur le Préfet, car il est de la plus grande importance que les recherches soient assez complètes pour que les applications du traitement soient vraiment efficaces, et que l'année suivante ne voie pas le phylloxéra éclater à une faible distance du premier point d'attaque et rendre illusoires les efforts qui auront été tentés pour le détruire.

(Circulaire ministérielle du 17 août 1878.)

OBSERVATION. — On peut remarquer la différence que fait la circulaire ministérielle, comme la loi, entre ces deux conditions, *pays indemne* où le phylloxéra *est soupçonné*, et *pays indemne* où le phylloxéra est *signalé*, constaté d'une manière authentique par le propriétaire, ou le maire, ou un membre du Comité d'études ou de vigilance. On vient de lire pour ce dernier cas les explications ministérielles ; on peut se reporter pour le premier à la page 27, où se trouve la suite de la même circulaire.

« La plus grande latitude est donnée au Préfet pour la désignation du délégué, dit la circulaire. »

Depuis sa publication, le décret portant règlement d'administration publique a été promulgué, et le professeur départemental d'agriculture se trouve plus expressément désigné.

La circulaire ministérielle du 26 juillet, en instituant les délégués régionaux, les délégués départementaux et le personnel chargé de la recherche et de l'application des traitements, leur remet ce service. (Voir p. 29.) *Les délégués départementaux seront spécialement chargés, dans chaque département, du service du phylloxéra. Choisis parmi les professeurs d'agriculture, ou à leur défaut, etc.*

---

CH. II. — [illegible]

DIFFÉRENCES. — [illegible]

[illegible] la [illegible] entre ces deux [illegible]

[illegible]

[illegible] ou se [illegible] de la même [illegible]

[illegible]

[illegible]

La [illegible]

[illegible]

# CHAPITRE III.

## ORGANISATION DE LA LUTTE CONTRE LE PHYLLOXÉRA QUAND SA PRÉSENCE EST CONSTATÉE.

---

### LOI.

Art. 4. — Lorsque l'existence du phylloxéra a été constatée dans les contrées indemnes dont le périmètre sera tracé tous les ans sur la carte de l'invasion phylloxérique, dont il est fait mention à l'article 2, conformément aux dispositions de l'article précédent, sur le rapport du Préfet, la commission départementale permanente et les propriétaires entendus, dans les formes et les délais qui seront déterminés par le réglement d'administration publique, un arrêté du Ministre de l'Agriculture et du Commerce, pris sur l'avis conforme de la section permanente de la Commission supérieure du phylloxéra, peut ordonner que la vigne malade et les vignes environnantes dans un rayon fixé, et sous les conditions d'exécution déterminées par le même arrêté, seront soumises à l'un des traitements indiqués par la Commission supérieure.

Le Ministre peut ordonner pendant plusieurs années, la continuation du traitement mentionné ci-dessus, et prescrire au besoin le traitement des taches nouvelles qui viendraient à être découvertes.

Dans les circonstances exceptionnelles, lorsqu'il y aura nécessité et urgence de préserver de l'invasion du phylloxéra une contrée viticole, le Ministre, sur l'avis conforme de la section permanente, pourra ordonner, hors des contrées indemnes, dans les formes prescrites par le règlement d'administration publique, le traitement indiqué au premier paragraphe du présent article.

Dans les cas ci-dessus énoncés, les dépenses occasionnées par le traitement des vignes sont à la charge de l'Etat.

---

## DÉCRET

(26 décembre 1878.)

PORTANT RÈGLEMENT D'ADMINISTRATION PUBLIQUE EN EXÉCUTION DE LA LOI DU 15 JUILLET 1878 RELATIVE AU PHYLLOXÉRA.

---

Le Président de la République française,

Sur le rapport du Ministre de l'Agriculture et du Commerce;

Vu la loi du 15 juillet 1878, portant, art. 16, qu'un règlement d'administration publique déterminera les mesures à prendre pour l'exécution de la loi, notamment des art. 4, 5 et 11 ;

Le Conseil d'Etat entendu,

DÉCRÈTE :

### TITRE Ier.

DU PHYLLOXÉRA.

ART. 1er. — Dès que la présence du phylloxéra est signalée dans un vignoble d'une contrée considérée comme indemne, le Préfet, conformément à l'art. 3 de la loi du 15 juillet 1878, envoie immédiatement le professeur d'agriculture, et avec lui, s'il y a lieu, un ou plusieurs membres des Comités d'études et de surveillance, qui seront chargés de faire les recherches et les constatations nécessaires pour déterminer l'origine et la date de l'invasion, le nombre et l'étendue des points attaqués, la nature du terrain et sa situation topographique.

Les délégués adressent au Préfet un rapport sommaire dont copie est transmise d'urgence au Ministre de l'Agriculture et du Commerce.

Art. 2. — Dans un délai de six jours au plus à partir de la réception du rapport, le Préfet convoque à la mairie de la commune ou d'une des communes sur le territoire desquelles le fléau a été constaté les propriétaires des vignes phylloxérées ou leurs représentants.

Cette réunion est présidée par le Préfet, ou, à son défaut, par le sous-préfet de l'arrondissement ou un des conseillers de préfecture.

Le président provoque et recueille les dires des propriétaires ; il les invite à déclarer s'ils sont disposés à appliquer dans leurs vignes l'un des traitements approuvés par la Commission supérieure du phylloxéra, et à demander, dans ce cas, le concours de l'administration ; il rappelle aux intéressés les termes de la loi du 15 juillet 1878, et leur fait connaître que les vignes malades peuvent être soumises à un traitement par voie administrative.

Le procès-verbal de la réunion est immédiatement transmis à la préfecture.

Art. 3. — Le Préfet convoque, dans le plus bref délai, la Commission départementale, lui soumet le rapport des délégués, le procès-verbal de la réunion des propriétaires, et il invite la commission à donner un avis sur les mesures à prendre.

Art. 4. — Dans le délai de deux jours, le Préfet transmet au Ministre son rapport, en y joignant toutes les pièces, ainsi qu'une carte sur laquelle les territoires envahis par le phylloxéra sont teintés en rouge.

**Art. 5. — Aussitôt après la réception de ces documents, le Ministre de l'Agriculture et du Commerce réunit la section permanente de la Commission supérieure du phylloxéra et arrête, sur son avis, le mode et la nature du traitement à appliquer, l'étendue ou le périmètre des vignobles à traiter, et de ceux sur lesquels l'action administrative devra être, s'il y a lieu, substituée à celle des propriétaires.**

**Cette décision est transmise immédiatement au Préfet, qui doit prendre, sans délai, les mesures nécessaires pour en assurer l'exécution.**

**Art. 6. — Dans le cas où, sur l'avis de la section permanente de la Commission supérieure, le Ministre prescrit la submersion comme traitement des vignes attaquées par le fléau, le Préfet charge les ingénieurs du département de faire exécuter les travaux exigés par cette opération.**

La circulaire ministérielle du 20 août explique ainsi le troisième paragraphe de l'article 4 de la Loi :

La loi ajoute que, dans les différents cas de l'art. 4, les frais de traitement seront à la charge de l'État. A ce sujet, je dois vous éclairer, Monsieur le Préfet, sur la procédure que le Gouvernement entend suivre lorsque l'intervention de l'État sera nécessaire hors des contrées indemnes (troisième paragraphe de l'art. 4). Vous apprécierez les motifs qui ne permettent pas à l'État d'entreprendre à ses frais le traitement d'étendues de vignobles considérables et phylloxérées depuis plusieurs années. Ces traitements continueront, comme par le passé, à être à la charge soit des départements, soit des Comités de vigilance, soit des syndicats de propriétaires, et l'État n'interviendra qu'au moment où, tout arrangement amiable étant impossible, il y aura lieu de recourir à la dépossession légale inscrite dans l'art. 4. Dans ce cas, vous devrez suivre les formalités prescrites par le décret rendu en forme d'administration publique du 26 décembre 1878, c'est-à-dire convoquer le propriétaire ou les propriétaires opposants, leur faire connaître la loi, les informer que leur résistance sera sans objet ; délimiter exactement la vigne à traiter administrativement, et, après avoir pris l'avis de la Commission permanente du Conseil général, me transmettre le dossier afin que je prenne l'arrêté nécessaire.

*C'est donc exclusivement le traitement de cette parcelle qui se trouve à la charge de l'Etat*, lequel n'intervient, dans cette circonstance, que pour faciliter les moyens de défense, qui continueront à être à la charge de ceux qui les supportaient antérieurement.

# CHAPITRE IV.

## INTERVENTION PÉCUNIAIRE DE L'ÉTAT DANS LES LUTTES CONTRE LE PHYLLOXÉRA.

---

### LOI.

Art. 5. — Lorsqu'un département ou une commune votera une subvention destinée à aider les propriétaires qui traitent leurs vignes suivant l'un des modes approuvés par la Commission supérieure du phylloxéra, l'Etat donnera une subvention égale à celle du département ou de la commune, qui se trouvera ainsi doublée.

Lorsque des propriétaires, en vue de la destruction du phylloxéra sur leur territoire, se seront organisés en associations syndicales temporaires approuvées par l'autorité administrative, ils pourront recevoir, sur l'avis conforme de la section permanente de la Commission supérieure du phylloxéra, une subvention de l'Etat. Cette subvention ne pourra, dans aucun cas, dépasser la somme votée par le syndicat pour le traitement des vignes phylloxérées.

Pourront également être subventionnées par l'Etat, sous les conditions et dans les proportions fixées par le paragraphe précédent, les associations syndicales temporaires approuvées par l'autorité administrative et constituées en vue de la recherche du phylloxéra dans les contrées indemnes ou partiellement atteintes.

---

*Suite du Décret du 26 décembre 1878, portant règlement d'administration publique.*

(Voir page 38.)

---

Art. 7. — Lorsque, dans les départements envahis, des fonds ont été votés par un Conseil général ou un Conseil municipal pour aider les propriétaires qui traitent leurs vignes suivant l'un des modes approuvés par la Commission supérieure du phylloxéra, le Préfet adresse au Ministère de l'Agriculture et du Commerce une ampliation certifiée des délibérations du Conseil général ou du Conseil municipal.

Le Ministre, conformément à l'art. 5 de la loi du 15 juillet 1878, accorde une subvention égale aux sommes régulièrement votées.

Art. 8. — Le Préfet nomme une commission chargée, sous sa présidence, de surveiller l'emploi du fonds commun constitué conformément à l'article précédent.

Cette commission est composée d'un représentant de l'administration pris dans les services financiers, d'un membre du Conseil général et d'un membre des Comités d'études et de surveillance.

Au cas où une subvention a été votée par un conseil municipal, un quatrième membre pris dans ce conseil municipal est adjoint à la Commission ; mais il ne participe à ses travaux qu'en ce qui concerne la commune.

Les demandes en participation aux subventions de l'Etat et du département ou de la commune sont examinées par la commission, qui fait ses propositions au Préfet sur le chiffre de la somme à accorder et les conditions sous lesquelles la demande peut être admise.

L'ordonnancement des sommes accordées par l'Etat est fait au nom du Préfet, qui ne doit les mandater qu'au fur et à

**mesure de l'avancement des travaux, et proportionnellement aux dépenses effectuées sur les ressources locales.**

**La circulaire ministérielle du 20 août s'exprime ainsi sur ces articles de loi :**

La loi de 1878 n'imposait le doublement des subventions par l'Etat que lorsque des subsides avaient été votés par les Conseils généraux ou les conseils municipaux. Le Parlement, d'accord avec le Gouvernement, a cru qu'il fallait aller plus loin et encourager les efforts individuels ainsi que l'initiative privée qui se manifestaient sous la forme de syndicats temporaires.

C'est à vous, Monsieur le Préfet, qu'il appartiendra d'autoriser les syndicats, et vous devrez, avant de prendre les arrêtés qui leur donneront l'existence, examiner avec la plus scrupuleuse attention s'ils constituent une association véritable ayant pour objet réel et unique la défense d'un vignoble. Sans doute, l'Etat est disposé à s'imposer de nouveaux sacrifices qui, sous cette forme d'encouragement, peuvent s'élever à un chiffre considérable : mais il importe que les prescriptions de la loi soient fidèlement observées, et que des propriétaires de vignobles étendus, recrutant fictivement quelques petits vignerons voisins, ne puissent de cette façon éluder la loi en obtenant une subvention, qui, en fait, leur profiterait presque à eux seuls.

Je vous ferai observer également que les subventions de l'Etat peuvent aller jusqu'à égaler la somme votée par les syndicats.

La loi a fixé un maximum qui ne sera atteint qu'autant que les demandes des syndicats ne dépasseront pas la somme prévue chaque année au budget de mon administration pour les dépenses de cette nature.

Les traitements culturaux appliqués pour la reconstitution des vignes phylloxérées ayant généralement lieu l'hiver, vous devrez, Monsieur le Préfet, me faire parvenir, avant le mois de novembre de chaque année, les demandes des syndicats qui se seraient formés dans votre département, avec votre avis sur la suite à leur donner, afin que je puisse faire préparer la répartition des fonds qui seront mis à leur disposition.

Le troisième paragraphe de l'art. 5, qui fait jouir des mêmes prérogatives les syndicats organisés pour les investigations et les recherches du phylloxéra dans les contrées indemnes ou partiellement atteintes, est une preuve de l'intérêt que l'on attache à la prompte découverte de l'insecte. Vous devez leur appliquer les mêmes règles que celles qui viennent d'être indiquées pour les syndicats de traitement.

---

# CHAPITRE V.

## LOI.

LES ARTICLES 6, 7, 8, 9, 10, SE RAPPORTENT AU DORYPHORA.

---

# CHAPITRE VI.

DISPOSITIONS GÉNÉRALES.

---

## LOI.

ART. 11. — Il sera alloué une indemnité pour la part des récoltes détruites par mesure de précaution.

Aucune indemnité n'est due pour la destruction des récoltes sur lesquelles l'existence du phylloxéra et du doryphora aura été constatée.

Les juges de paix connaîtront sans appel jusqu'à la valeur de 100 fr., et, à charge d'appel, à quelque valeur que la demande puisse s'élever, des contestations relatives aux indemnités réclamées en vertu du présent article.

ART. 12. — Les contraventions aux dispositions de la présente loi et à celles des décrets ou arrêtés pris pour son exécution seront punies d'une amende de 50 à 500 fr.

ART. 13. — Ceux qui auront introduit l'un des objets énoncés aux art. 1, 6 et 7, sans déclaration ou à l'aide d'une fausse déclaration de provenance ou de route, ou de toute autre manœuvre frauduleuse, seront punis d'un emprisonnement d'un mois à quinze mois, et d'une amende de 50 à 500 fr.

ART. 14. — Les peines prévues aux deux articles précédents seront doublées en cas de récidive.

Il y a récidive lorsque, dans les douze mois précédents, il a été rendu contre le contrevenant ou le délinquant un premier jugement en vertu de la présente loi.

ART. 15. — L'article 463 du Code pénal est applicable aux condamnations prononcées en vertu de la présente loi.

ART. 16. — Un règlement d'administration publique déterminera les mesures nécessaires pour l'exécution de la loi, notamment des art. 4, 5 et 11.

---

# RÉSUMÉ

## DE LA LOI

### ET OBSERVATIONS IMPORTANTES.

La loi, conformément au but qu'elle s'est proposé, aux principes scientifiques qui pouvaient la guider, et que nous avons cités en commençant, a fait tout ce qui dépendait d'elle pour préserver les contrées indemnes ou combattre le fléau dans celles qu'il ravageait.

**L'art. 1er** interdit, pour tout objet susceptible de porter le phylloxéra, l'entrée sur le territoire français ou le transport hors des parties phylloxérées de ce territoire (page 11).

**L'art. 2** *et les arrêtés du 27 déc. 1880, du 12 et du 15 décembre 1878* (pages 12-22) règlent les conditions d'admission de ces mêmes objets, susceptibles de porter le phylloxéra dans les portions déjà phylloxérées du territoire, ou leur transit au travers des portions indemnes. Ils délimitent officiellement les portions de territoire français déclarées indemnes, et qu'il faut préserver, et les portions de territoire français phylloxérées où le mal doit rester confiné et être combattu.

Pour les portions du territoire français officiellement *déclarées indemnes* et protégées par les arrêtés qui précèdent, il n'existe aucune réglementation. Le droit commun, la liberté règnent, car le danger est absent, et l'arrêté du 13 décembre 1878 ne fait que l'affirmer.

Eviter la venue ou l'accroissement du danger, il n'y a pas d'autre but. Or le danger ne peut provenir que des lieux où vit le phylloxéra, l'auteur du mal. La loi et les arrêtés ne visent donc qu'une chose : la provenance et la destination ; c'est une question de transport.

Le phylloxéra ne vit que sur la vigne ; mais il peut accidentellement se trouver en passant dans son voisinage ; la loi et les arrêtés, interdisant le transport de tout ce qui pourrait servir de véhicule à l'ennemi, ont visé non-seulement telles ou telles variétés, accusées d'avoir certain jour apporté l'insecte, mais *toute vigne*, quelle que soit sa variété, son état ; et, avec elle, *tout objet*, terreau, fumier, échalas l'ayant approchée.

Aucune prescription nouvelle n'ajouterait à l'efficacité de celles-ci.

Il y a malheureusement deux moyens de propagation contre lesquels la loi sera toujours impuissante : la progression naturelle par les ailés ou les vents, et l'apport frauduleux de plants infestés. De là nécessité d'une surveillance active pour retrancher des régions officiellement déclarées indemnes celles qui seraient nouvellement contaminées, et pour être en mesure d'opposer sans retard des obstacles à l'invasion.

**L'art. 2** de la loi ordonne ces recherches, et les arrêtés où circulaires du 19 août, du 14 décembre 1878, 26 juillet 1879 les organisent (page 23).

La recherche, en pays indemne, soulève des questions de responsabilité graves, mais qui, malheureusement, tirent trop souvent une gravité exceptionnelle des erreurs accréditées, des préjugés et de l'affolement qui précède ou accompagne toujours les premiers temps de l'invasion phylloxérique. Si la vigilance ne doit perdre aucun de ses droits, les intérêts moraux et matériels qui sont mis en jeu commandent les soins les plus respectueux et discrets. La loi a voulu en témoigner par ses prescriptions.

Si les Comités d'arrondissement surveillent et signalent les faits susceptibles de faire naître des soupçons *sur la présence de l'insecte*, le Préfet et le Comité central du département, à qui le Ministre, par l'arrêté et la circulaire du 14 décembre *a délégué* son droit de prescrire et faire exécuter les investigations, ont seuls à juger de cette *mission délicate*, et les agents pratiques, savoir : le professeur d'agriculture, ou, à *son défaut*, celui qui *présentera les plus grandes garanties*, sous le titre de délégué départemental, et les équipes formées par lui, sont désignés.

Lorsque le phylloxéra a été trouvé, ou lorsqu'il est *signalé* par une autorité compétente, l'art. 4 et le décret du 26 décembre règlent les constatations nécessaires pour délimiter la tache, et être fixés en vue des traitements à appliquer et des recherches nouvelles à effectuer, sur l'origine ou la date de l'invasion. *L'art. 5* et le même décret règlent les questions d'indemnités.

Enfin, la loi, qui ne peut prévenir la fraude, cherche à l'intimider par des répressions sévères : l'amende et la prison.

Pour la recherche des contraventions, les officiers de police judiciaire ont seuls qualité, et les agents phylloxériques, à tous les degrés, dépourvus de ce caractère spécial, ne sauraient, et certainement ne voudraient en aucune manière, sous forme d'enquête ou autrement, empiéter sur un terrain qui n'est point le leur.

A eux les études, la recherche de l'insecte, l'application des traitements ; à l'administration, par une sérieuse délimitation de zônes phylloxérées et indemnes, par une surveillance active sur les transports, le soin de la défense.

C'est, en effet, au moment des transports que la surveillance peut s'exercer le plus utilement. En dehors du flagrant délit, la contravention sera bien difficile à constater sûrement ; et les responsabilités morales, le tort énorme que sa seule recherche peut occasionner suffiraient seuls, dans le plus grand nombre de cas, à l'interdire.

C'est dans le but de faciliter, dit-on, cette surveillance, et en se basant sur une erreur de théorie et de pratique assez grossière, que certains proposaient l'interdiction absolue ou la destruction de cultures de quelques espèces de vignes.

Il serait inouï que le droit de propriété fût supprimé par ce seul motif de l'abus problématique que l'on en pourrait faire.

Les mesures réclamées seraient d'ailleurs absolument inefficaces (voir page 19).

Il y aurait cependant peut-être quelque chose à faire : il me suffira d'indiquer les deux mesures suivantes :

1° Un certificat d'origine pour tous les objets susceptibles d'apporter l'insecte ;

2° La déclaration de l'introduction et de la culture de plants étrangers à la contrée pourrait être rendue obligatoire et un inventaire tenu de ces cultures.

Ces deux mesures sont pratiquées en Suisse : elles donnent certaines garanties, sans empêcher la jouissance du droit.

La loi autorise la circulation et le semis des pépins de *toute provenance*.

Même faculté pourrait, avec les mesures proposées plus haut, être laissée aux sarments de jeune bois, sans talon ni vieux bois. Ces bois sont en effet, pendant toute la période d'hibernation, tout-à-fait indemnes d'insectes et d'œufs. L'œuf d'hiver lui-même ne saurait se rencontrer sur eux.

Par contre, cette facilité nouvelle accordée, le transport de plants enracinés, *d'où qu'ils viennent*, en dehors du pays lui-même, pourrait être interdit ; car c'est par eux, presque à coup sûr, qu'un jour ou l'autre se fera l'apport ou l'extension de la maladie.

Le propriétaire pouvant faire lui-même ou chez ses proches la pépinière qu'il désire, ne serait point privé, mais recevrait, en échange d'une bien petite gêne, un accroissement certain de sécurité.



---

[illegible]

[illegible]

[illegible]

[illegible]

[illegible] l'original [illegible]

[illegible]

[illegible]

[illegible]

[illegible]

[illegible]

[illegible]

[illegible]

# TABLE.

PAGES.

AVIS AU LECTEUR.......... V

## LA LOI SUR LE PHYLLOXÉRA.

Son but.......... 1
La Propriété, la Liberté et la Loi.......... 3
La Loi est légitime dans son but.......... 4
Nature du mal, motifs scientifiques et pratiques de la Loi.......... 5

## LOI.

### CHAPITRE I.

*Introduction et circulation des objets susceptibles de servir de véhicule au phylloxéra*.......... 11
ARTICLE PREMIER.......... 11
Définition du mot : Plants étrangers.......... 11
ART. 2, Article additionnel.......... 12
Circulaire ministérielle du 17 août.......... 12
Arrêté du 11 décembre 1880, relatif aux territoires phylloxérés.......... 13
ART. 1, 3, 5, de la Convention internationale de Berne.......... 13
Interprétation du mot : Vignes étrangères.......... 16
Annulation des Arrêtés préfectoraux.......... 17
Arrêté du 12 décembre 1878, concernant les plants venant de l'étranger. 17
ART. 2, 3, 4, de la Convention internationale de Berne.......... 17
Arrêté du 13 décembre 1878, réglementant la circulation à l'intérieur... 19
Liberté de circulation sans acception de variétés de vignes.......... 19
Liberté de culture et circulation en pays indemnes.......... 20
Encore l'expression : Vignes étrangères.......... 21

PAGES.

Arrêté du 15 décembre 1878, concernant la circulation des produits de l'horticulture ........ 21

## CHAPITRE II.

### RECHERCHES ET DÉCOUVERTES DU PHYLLOXÉRA.

Loi. — Art. 3 ........ 23

*Organisation du service phylloxérique et recherches en pays indemnes* ........ 23

Circulaire du 14 décembre 1878, relative à l'organisation des Comités d'étude et de vigilance contre le phylloxéra ........ 24

Arrêté du 14 décembre 1878 ........ 26

Fonctionnement des Comités ........ 27

Circulaire ministérielle du 17 août, commentant le Droit réservé au Ministre, seul, d'ordonner les recherches en pays indemnes ........ 27

Circulaire du 26 juillet 1879, concernant l'exécution de la Loi du 15 juillet, sur le phylloxéra. — Service des recherches, création des Délégués ........ 29

Circulaire du 13 août, sur le fonctionnement du service des recherches. 32

Circulaire du 20 août, commente la délégation aux préfets du droit de recherches, dans les cas urgents particuliers ........ 32

Resumé ........ 32

### DÉCOUVERTE DU PHYLLOXÉRA DANS UNE LOCALITÉ.

D'après l'exposé des motifs ........ 33

Circulaire du 17 août ........ 33

Observation sur la distinction faite par la Loi entre : le Phylloxéra soupçonné et le Phylloxéra signalé ........ 34

## CHAPITRE III.

### ORGANISATION DE LA LUTTE CONTRE LE PHYLLOXÉRA QUAND SA PRÉSENCE EST CONSTATÉE.

Loi. — Art. 1 ........ 37

Décret du 26 décembre 1878, portant réglement d'administration publique ........ 38

Art. 1 à 6. — Circulaire du 20 août, commentant l'article 1 de la Loi.. 40

PAGES.

## CHAPITRE IV.

### INTERVENTION PÉCUNIAIRE DE L'ÉTAT DANS LES LUTTES CONTRE LE PHYLLOXÉRA.

Loi. — Art. 5.................................................. 43
Suite du Décret du 26 décembre 1878. Art. 7 et suivants.............. 44
Circulaire ministérielle du 20 août, sur ces articles.................. 45

## CHAPITRE V.

Loi. — Art. 6, 7, 8, 9, 10, se rapportant au doryphora.

## CHAPITRE VI.

### DISPOSITIONS GÉNÉRALES

Loi. — Art. 11.................................................. 47
*Résumé de la Loi et observations*.................................. 48



Châlons, imp. T. Martin.

www.ingramcontent.com/pod-product-compliance
Lightning Source LLC
LaVergne TN
LVHW050431160826
845677LV00002BA/652

* 9 7 8 2 3 2 9 6 8 9 7 7 7 *